U0156221

人工智能新时代

核心技术与行业赋能

郭哲滔　任宇翔　著

清華大学出版社
北　京

内 容 简 介

本书以人工智能为核心，上篇讲述了人工智能理论知识及发展蓝图规划，目的是帮助读者认识人工智能，找到入局人工智能领域的途径和方法；中篇罗列了可以为人工智能赋能的前沿技术，包括 NLP、机器学习、大数据、物联网、区块链等；下篇总结了人工智能对交通、农业、医疗、制造、教育、金融、文娱等行业的影响和作用，旨在让读者了解人工智能是如何在这些行业实现商业化落地的。

本书从多个角度出发，描绘了一幅完整的人工智能发展蓝图，不仅通俗易懂，而且有趣、有料。可以说，本书是探索人工智能领域的必备参考书。本书十分适合互联网行业管理者、创业者、人工智能技术领域的研究人员等对人工智能感兴趣的人群阅读。

图书在版编目（CIP）数据

人工智能新时代：核心技术与行业赋能 / 郭哲滔，任宇翔著. —北京：清华大学出版社，2024.3
（新时代·科技新物种）
ISBN 978-7-302-65394-3

Ⅰ. Ⅰ. ①人… Ⅱ. ①郭… ②任… Ⅲ. ①人工智能 Ⅳ. ①TP18

中国国家版本馆 CIP 数据核字（2024）第 043319 号

责任编辑： 刘 洋
封面设计： 徐 超
版式设计： 张 姿
责任校对： 王荣静
责任印制： 杨 艳

出版发行： 清华大学出版社
网 址：https://www.tup.com.cn，https://www.wqxuetang.com
地 址：北京清华大学学研大厦 A 座　　邮 编：100084
社 总 机：010-83470000　　邮 购：010-62786544
投稿与读者服务：010-62776969, c-service@tup.tsinghua.edu.cn
质 量 反 馈：010-62772015, zhiliang@tup.tsinghua.edu.cn
印 装 者： 北京联兴盛业印刷股份有限公司
经 销： 全国新华书店
开 本： 170mm×240mm　　**印 张：** 15.75　　**字 数：** 255 千字
版 次： 2024 年 5 月第 1 版　　**印 次：** 2024 年 5 月第 1 次印刷
定 价： 88.00 元

产品编号： 100627-01

推荐序一
FOREWORD I

2016年，人工智能程序AlphaGo战胜了世界围棋冠军，随后，新一轮人工智能热潮迅速进入公众视野并成为大家关注的焦点。近几年，人工智能发展迅速，并在多个领域取得了显著成就，如计算机视觉、自然语言处理。

计算机视觉技术可以用来识别图像中的物体、人脸等，而且准确性很高，人脸识别和汽车上的L2级辅助驾驶已经成为日常生活中的常见功能。自然语言处理技术也取得了长足的进步，使得机器翻译、语音识别等技术普及，甚至ChatGPT这样的聊天机器人已经可以替代人类完成一些文字编辑工作。

目前，各国和各行各业正在思考人工智能的意义和价值。然而，由于并非所有人都能够花费大量时间研究人工智能、跟踪人工智能的最新进展，社会公众对人工智能产生了一些误解，如：

——人工智能可以完全取代人类：虽然人工智能可以执行许多任务，但它并不能完全取代人类。人工智能只能执行特定的任务，而人类具有更广泛的能力。

——人工智能可以思考和感知：虽然人工智能系统可以模拟人类做出决策，但它们目前并不能真正思考或感知。它们只是按照设计好的程序执行任务。

——人工智能是危险的：有些人担心人工智能会变得过于强大，对人类构成威胁，但目前的人工智能系统尚未达到这种程度，强人工智能尚未取得突破。此外，人工智能的发展被人类控制。

——人工智能是“黑箱”：有些人认为人工智能系统是“黑箱”，无法理解它们的决策过程。事实上，人工智能系统的决策过程是可以被解释的。即使是复杂的神经网络模型，也有一些方法可以解释它们的决策过程。

本书讲述了人工智能发展的背景，并着重介绍了人工智能技术与大数据、物联网、区块链等技术的结合以及人工智能技术在交通、农业、医疗、制造、教育、金融、文娱等行业的具体应用。了解人工智能与具体行业的关系可以帮助我们形成对人工智能的正确观点，帮助我们理解人工智能的真正潜力并加以利用，同时避免对人工智能产生不必要的恐惧或抱有不切实际的期望。

本书的作者郭哲滔在南京大学以优异的成绩完成学业，获得了软件工程硕士学位。作为我的学生，他给我留下了深刻的印象。

郭哲滔选择在人工智能领域自主创业，其事业发展目标明确，并且在此领域取得了良好的成绩。他既具有扎实的专业知识，又具备较好的商业方向把握能力，还有着系统性思维和开拓进取精神，拥有丰富的管理经验和项目实践能力。

我坚信，通过在人工智能领域不断进行技术创新，他将为社会创造更多的价值。

人工智能技术仍在飞速发展，许多问题仍有待理论研究和工程突破。我期望人工智能技术能够让世界变得更美好！

南京大学软件学院副院长

南京大学智能软件与工程学院执行院长

中国计算机学会（CCF）软件工程专委会委员

邵栋

推荐序二

FOREWORD II

人工智能（AI）这个概念的提出最早可以追溯至1956年，美国计算机科学家约翰·麦卡锡及其同事在达特茅斯会议上提出“让机器与人类做同样的行为”。

但这个概念真正引起世人关注是在2016年，总部位于伦敦的AI创业公司DeepMind开发的AlphaGo程序，以4∶1的比分击败了世界围棋冠军、韩国职业九段棋手李世石。

此后，人工智能迎来了迅速发展期。目前，AI已经击败了围棋、扑克、电竞游戏Dota 2等比赛的人类世界冠军。2020年，人们利用AI攻克了近50年来的生物学难题——蛋白质折叠。人工智能的发展已经远远超过之前的想象。

更重要的是，以机器学习为核心，人工智能在视觉、语音、自然语言、大数据等领域迅速发展，如同基础能源一样赋能各个行业。人工智能热潮席卷全球，成为政府、产业界、科研机构以及消费市场竞相追逐的对象。

同时，实体经济数字化、网络化、智能化转型给人工智能带来巨大的历史机遇，人工智能拥有极为广阔的发展前景。

计算机能力提升、数据爆发式增长、机器学习算法进步、投资力度加大等，推动了新一代人工智能快速发展。自动驾驶汽车、工业机器人、智能医疗助手、无人机、智能家居助手等人工智能产品兴起，物联网、大数据、区块链、5G等技术都在为人工智能赋能。

人工智能与经济社会各行业、各领域不断融合、创新提升，对交通、农业、医疗、制造、教育、金融、文娱等行业都产生了深远的影响。新技术、新模式、新业态、新产业正在构筑经济社会发展的新动能。

例如，在我所研究的金融业中，人工智能已经成为各大银行技术创新的主要方向之一。我研究发现，银行引入人工智能技术，可以降低成本、提升绩效。

更强大的深度计算能力、更先进的算法以及大数据、物联网、元宇宙等诸多因素共同推动新一轮科技革命和产业变革，第三次人工智能浪潮已经到来。在这场浪潮中，如何抓住这一技术变革给各个产业带来的新机会？如何正确认识人工智能并进行产业应用？

本书从多个角度出发，描绘了一幅完整的人工智能发展蓝图，详细介绍了当前人工智能领域的前沿技术及人工智能对各行业的影响和作用。

本书作者郭哲滔是毕业于北京大学国家发展研究院全日制 MBA 专业的优秀学子。他不仅在 IT 行业拥有十多年管理经验，而且现在正领导着百人研发团队深度聚焦人工智能领域，先后取得数十项核心自主知识产权，相关成果帮助党政机关、航天军工企业、科研院所、石化能源企业等成功实现智能化转型。

最宝贵的是，他知行合一，不仅把在北京大学学习到的知识应用于创业实践，还在繁忙的创业工作之余，将自己丰富的创新创业经验积累沉淀，形成本书。作为他的授课老师，我为他取得的成绩感到十分欣慰和骄傲。相信本书将为读者打开人工智能的新世界，成为探索人工智能领域的必备工具。

北京大学国家发展研究院副教授

北京大学数字金融研究中心研究主管

谢绚丽

前言
PREFACE

大约35亿年前，碳基的早期生命形式——单细胞微生物就已经出现。宇宙始于纯简，为稳定的物质所占据，越简单就越稳定。后来，变异提供了生物进化的原材料，如老子《道德经》中所言“道生一,一生二,二生三,三生万物”，地球经过几十亿年的发展形成了如今以碳循环和转化维持平衡的庞大生态系统。

与此同时，围绕地球第二大元素硅的生命线也在悄无声息地演化着。早在1891年，天体物理学家Julius Sheiner就撰写文章指出可能存在其他的生命形式，这种生命是以硅链为骨架构成的化合物，人们将其称为“硅基生命”。但在以ChatGPT为代表的AIGC应用出现之前，大众并没有注意到以人工智能为代表的硅基生命。

在碳基生物的演化链上，基因唯一感兴趣的就是不断地拷贝自身，以便在进化过程中争取最大限度的生存和扩张。生物本身就是基因的算法，而生命就是不断处理数据的过程，在大数据推荐算法得到普遍应用的当下，拥有大数据积累的外部环境反而比我们自己更了解我们。

人类文明产生于信息交流，而人类历史就是在信息传递和处理的过程中，系统不断熵增的历史。人工智能、基于神经网络的深度学习、机器学习技术正在蓬勃发展，如果硅基脑能和人脑一样具备复杂的神经网络，能够进行思考和逻辑判断，硅基生物或许也会形成硅循环。

人类社会发展至今经历了三次工业革命。每一次经济增速的跃进皆源于新技术的出现，技术创新提升了社会的全要素生产率，进而带动了面向全人类的经济增长和社会变迁。

但随着要素积累和经济规模的扩张，生产始终无法摆脱要素边际收益递减的困境。互联网浪潮改变了技术更迭方式，传统的摩尔定律已不再适用，新的技术创新越来越难。

此时，具有溢出效应和边际收益递增特点的非传统生产要素——数据，成为经济和商业新的增长点。数字经济时代，数据要素具有非稀缺、非排他的特点，而人工智能和AIGC为数据要素插上翅膀，提升经济运行效率，降低企业和社会运行成本，真正做到万事共享、万物互联。

但人们真的了解人工智能吗？真的准备好与人工智能共同生存和发展了吗？企业应该如何制定适合自己的人工智能发展战略，借助人工智能实现更好的发展呢？

事实上，虽然人工智能时代已经到来，但很多人对人工智能还不太熟悉，甚至对这项技术存在误解，例如，担心这项技术会对某些职位产生威胁，认为这项技术与自己的生活和工作没有任何关系等。其实，随着社会的不断进步与发展，人工智能已经无处不在。人们应该重视这项技术，企业也应该充分利用这项技术来提升竞争力，让自己可以迅速抢占行业制高点。

无论是个体还是企业，要想真正地认识人工智能，并让人工智能发挥最大价值，就必须有专业、科学、成体系的优质图书作为指导手册。本书分为三篇，详细讲述了人工智能的方方面面，可以帮助读者尽快了解人工智能，更好地适应人工智能时代。

上篇对人工智能技术进行总括性的介绍，包括概述、发展历程、发展现状、技术支持，以及企业如何入局人工智能、如何进行蓝图规划，帮助读者消除误区，形成整体的思维框架，找到入局人工智能的方法和路径。

中篇对为人工智能的发展提供助力的主要技术进行详细介绍，包括计算机视觉、大数据、物联网、区块链等，帮助读者了解人工智能升级的必要条件，以及各项前沿技术之间的联系，从而用系统化的思维看待人工智能的发展。

下篇对人工智能赋能各个行业的情况进行了介绍，包括交通业、农业、医疗业、制造业、教育业、金融业、文娱业，帮助读者开拓思路，了解人工智能的落地场景和具体价值，以便找到自己的赛道。

古老的德尔菲太阳神庙镌刻有三句箴言：认识你自己；任何事不可过分；承诺带来痛苦。在变革之下，认清自身，时刻调整，拥抱风险，对于每个个体和在商业浪潮中寻求发展的企业而言都是时代箴言。

如果让我本人描述此书，我愿意用务实的浪漫主义定义它。本书的内容是我十几年来专业知识和管理经验的整合，是极其务实的，但创作初衷是极其浪漫的。我斗胆奢求在不确定的宏大时代叙事里赋予个体确定性。

AI 的发展速度可能会超乎人类的想象。尽管本书的内容已经过多轮修改，但难免有疏漏，恳请各位读者批评指正。最后，我想引用苏格拉底的一句名言：我唯一知道的就是我一无所知。相信一切皆有可能，未来已来。

作　者

目 录
CONTENTS

上篇　迎接 AI 新时代

第 1 章　认知觉醒：你真的了解人工智能吗 / 002

1.1　人工智能概述 / 003

1.1.1　思考：人工智能是什么 / 003
1.1.2　探索人工智能的现状 / 005
1.1.3　人工智能的成熟度如何 / 008

1.2　人工智能的三起两落 / 008

1.2.1　第一次起落分析 / 009
1.2.2　第二次起落分析 / 009
1.2.3　第三次兴起分析 / 010

1.3　人工智能价值分析 / 012

1.3.1　感受人工智能的商业价值 / 012
1.3.2　人工智能离不开资本助力 / 013
1.3.3　全球主要国家对人工智能的态度 / 014
1.3.4　如何看待人工智能威胁论 / 015

1.4　人工智能面临的机遇与挑战 / 016

1.4.1　机遇一：新基建带来新发展 / 016

1.4.2 机遇二：创造更多新岗位 / 018
1.4.3 挑战之规避法律问题 / 019
1.4.4 百度 AI：发布全球首个航天大模型 / 021

1.5 战略规划：企业如何入局人工智能 / 023

1.5.1 准备阶段：低风险开启创业之路 / 023
1.5.2 决策阶段：选好核心发展要素 / 025
1.5.3 成长阶段：抓住人工智能红利 / 026
1.5.4 稳定阶段：人工智能落地“四步走” / 027

1.6 解密 ChatGPT / 029

1.6.1 ChatGPT 的技术架构 / 029
1.6.2 ChatGPT 的未来发展方向 / 031
1.6.3 ChatGPT 助力 AIGC 发展 / 032

1.7 AIGC：人工智能未来新赛道 / 034

1.7.1 AIGC 的商业价值与潜在价值 / 034
1.7.2 AIGC 对不同行业的影响 / 035
1.7.3 AIGC 引发生产力变革 / 037

第 2 章 发展蓝图：引领人工智能前进方向 / 039

2.1 人工智能的现代化发展思路 / 040

2.1.1 兼顾统筹谋划与协同创新 / 040
2.1.2 专注研究核心技术，抢占发展制高点 / 041
2.1.3 人工智能产业图谱 / 042
2.1.4 泛在智能大行其道 / 043

2.2 人工智能与安全治理 / 044

2.2.1 人工智能的潜在风险与防范措施 / 044
2.2.2 保护数据隐私，杜绝泄露事件 / 046

2.2.3 建立可信任的人工智能体系 / 047

2.3 关注人工智能背后的伦理问题 / 049

2.3.1 未来，人机关系将如何发展 / 049
2.3.2 人类与机器之槛：“电子化的人格” / 050
2.3.3 AI 背景下的就业新思考 / 051

中篇 前沿技术助力 AI 升级

第 3 章 技术支撑：人工智能必备关键技术 / 054

3.1 计算机视觉 / 055

3.1.1 计算机视觉概述 / 055
3.1.2 计算机视觉的发展历程 / 056
3.1.3 打造“视觉 +”智能体系 / 057
3.1.4 计算机视觉赋能京东无人零售店 / 058

3.2 NLP：自然语言处理 / 059

3.2.1 NLP 概述 / 059
3.2.2 有监督的 NLP / 060
3.2.3 自监督的 NLP / 060
3.2.4 NLP 技术助力商业银行实现业务升级 / 061

3.3 智能语音语义 / 062

3.3.1 智能语音语义现状分析 / 062
3.3.2 基础技术：语音合成 + 语音识别 / 063
3.3.3 智能语音语义的垂直应用 / 065
3.3.4 AI 时代下的机器翻译 / 065

3.4 机器学习 / 066

3.4.1 机器学习概述 / 066

3.4.2 机器学习系统开发的步骤 / 067

3.5 知识图谱 / 071

3.5.1 知识图谱概述 / 071
3.5.2 知识图谱的构建流程 / 072
3.5.3 知识图谱的行业应用 / 075

3.6 人工智能芯片 / 077

3.6.1 人工智能芯片概述 / 077
3.6.2 落地路径：AIoT 的人机交互 / 078
3.6.3 英伟达借助超强算力芯片布局人工智能 / 080

第 4 章 大数据赋能：让人工智能价值倍增 / 081

4.1 大数据概述 / 082

4.1.1 思考：什么是大数据 / 082
4.1.2 盘点大数据的应用场景 / 083
4.1.3 大数据与人工智能相辅相成 / 086

4.2 人工智能与大数据的“化学反应” / 087

4.2.1 大数据提高算法训练的速度 / 087
4.2.2 借助大数据完善决策体系 / 088
4.2.3 人工智能拓展大数据的应用边界 / 089

4.3 AI 时代，企业要拥抱大数据 / 090

4.3.1 大数据让机器更懂人心 / 091
4.3.2 如何高效利用大数据 / 092
4.3.3 阿里巴巴：聊天机器人助力销售额激增 / 093

第 5 章 物联网赋能：AIoT 携手共创未来 / 094

5.1 物联网概述 / 095

5.1.1 物联网的定义与价值 / 095
5.1.2 万物互联已经实现了吗 / 096
5.1.3 物联网的技术架构 / 097

5.2 当人工智能遇到物联网 / 099

5.2.1 人工智能 + 物联网 = 强大创新能力 / 099
5.2.2 物联网是迈向普适计算的关键一步 / 101
5.2.3 人工智能广泛应用于物联网设备 / 102

5.3 “人工智能 + 物联网”案例分析 / 103

5.3.1 智慧交通平台 / 103
5.3.2 自动驾驶汽车 / 104
5.3.3 可穿戴设备 / 106

第 6 章 区块链赋能：与人工智能相互成就 / 107

6.1 区块链概述 / 108

6.1.1 区块链的本质是分布式账本 / 108
6.1.2 区块链是如何运作的 / 109
6.1.3 如何理解区块链的去中心化 / 110

6.2 人工智能助力区块链发展 / 112

6.2.1 控制并降低区块链的能耗 / 112
6.2.2 进一步加强区块链的安全性 / 113
6.2.3 管理区块链的自治组织 / 114

6.3 区块链助力人工智能发展 / 115

6.3.1 帮助人工智能解决数据孤岛问题 / 115
6.3.2 训练数据和模型变身知识产权 / 116
6.3.3 区块链智能商店：SingularityNET / 117

下篇　AI 激发行业新动能

第 7 章　智能交通：技术迭代变革出行方式 / 120

7.1　智能交通的使命 / 121

7.1.1　技术创新助力智能交通产业发展 / 121
7.1.2　智能交通与碳中和：助力国家“双碳”战略 / 122

7.2　智能交通五大领域 / 124

7.2.1　MaaS（出行即服务）/ 124
7.2.2　智能信控 / 125
7.2.3　智慧停车 / 126
7.2.4　自动驾驶　/ 128
7.2.5　车路协同 / 130

第 8 章　智慧农业：助推乡村振兴 / 131

8.1　人工智能 + 农业 = 智慧农业 / 132

8.1.1　智能设备贯穿农作物生长全过程 / 132
8.1.2　打造数字化、自动化育种体系 / 133
8.1.3　识别并解决病虫害，减少浪费 / 134
8.1.4　进一步加强畜牧管理 / 134

8.2　AI 时代的农业链变革 / 135

8.2.1　打通上中下游，构建全产业链 / 135
8.2.2　创新农业园区形态 / 138
8.2.3　“品牌 + 标准 + 规模”三维融合 / 139

8.3　无人农场：智慧农业新兴产物 / 140

8.3.1　无人农场有哪些优势 / 140

8.3.2 智能监控处理不确定性事件 / 141
8.3.3 耕、种、管、收的大规模自动化 / 142
8.3.4 四川无人农场：从会种田到“慧种田” / 144

第 9 章 智慧医疗：推动医疗转型升级 / 145

9.1 日渐火爆的智慧医疗 / 146

9.1.1 “刷脸”就医 / 146
9.1.2 智能问诊 / 147
9.1.3 医疗影像辅助诊断 / 148
9.1.4 疾病风险预测 / 149
9.1.5 体感游戏式康复训练 / 150
9.1.6 人工智能与蛋白折叠革命 / 151
9.1.7 ChatGPT+ 医疗 / 152

9.2 智慧医疗的三大优势 / 153

9.2.1 医疗机构更高效 / 153
9.2.2 疾病预测更准确 / 154
9.2.3 个体治疗更精准 / 155

9.3 智慧医疗案例分析 / 157

9.3.1 Smart Specs 智能眼镜：提升视障人士视力水平 / 157
9.3.2 谷歌算法：精准预测糖尿病性视网膜病变 / 159
9.3.3 Deep Care：辅助基层医生的影像诊断 / 160

第 10 章 智能制造：适应生产力高要求 / 162

10.1 智能制造成为新风口 / 163

10.1.1 智能制造现状分析 / 163

10.1.2 数字经济与智能制造 / 164
10.1.3 资本强势入局智能制造 / 166
10.1.4 海尔如何成为智能制造引领者 / 167

10.2 智能制造背后的核心技术 / 168

10.2.1 人工智能：智能机器助力生产 / 168
10.2.2 数字孪生：超越现实的“智造”技术 / 169
10.2.3 大数据：从解决到避免问题 / 170
10.2.4 物联网：催生数字化车间 / 171
10.2.5 云计算：变革 IT 要素 / 172

10.3 智能制造落地场景盘点 / 173

10.3.1 产品智能化：精准定位用户需求 / 173
10.3.2 生产智能化：全方位变革生产流程 / 174
10.3.3 物流智能化：仓储机器人引领智慧物流发展 / 175
10.3.4 服务数智化：打通制造与服务边界 / 176
10.3.5 全面数字化的西门子安贝格工厂 / 177
10.3.6 京东物流：引进新型运输解决方案 / 178

第 11 章 智能教育：引爆教育新生态 / 180

11.1 智能教育的发展模式 / 181

11.1.1 智能测评：实时跟踪与反馈 / 181
11.1.2 教育机器人：师生“好搭档” / 182
11.1.3 知识图谱：实现精准教育 / 183

11.2 如何适应智能教育潮流 / 184

11.2.1 打通线上教育与线下教育 / 184
11.2.2 虚拟课堂与现实课堂齐发力 / 186
11.2.3 在校园内引入智能设备 / 188

11.2.4 引入 AIGC：促进教育发展 / 190

11.3 人工智能在教育领域的应用案例 / 191

11.3.1 阅面科技：一体化智慧校园解决方案 / 191
11.3.2 松鼠 AI：实现个性化、智能化教学 / 193

第 12 章 智能金融：打造现代化金融模式 / 194

12.1 人工智能如何赋能金融领域 / 195

12.1.1 金融大数据处理能力提升 / 195
12.1.2 服务模式趋于主动化、个性化 / 195
12.1.3 实现手机智能支付 / 196
12.1.4 ChatGPT 推动金融行业智能化发展 / 197

12.2 智能金融的主要表现形式 / 198

12.2.1 多模式融合的在线智能客服 / 198
12.2.2 金融预测、反欺诈 / 200
12.2.3 融资授信决策与借贷决策 / 201
12.2.4 认证客户身份与安防 / 203

12.3 人工智能在金融领域的应用 / 204

12.3.1 今始科技：打造智能化金融安全解决方案 / 204
12.3.2 读秒：加速信贷决策 / 205
12.3.3 Wealthfront：便捷的智能投资顾问 / 206

第 13 章 智能文娱：深入挖掘文娱红利 / 208

13.1 AI 时代的智能文娱 / 209

13.1.1 文娱领域迎来“黄金时代” / 209
13.1.2 催生智能文娱新经济 / 211

13.1.3　智能媒体展现无限可能 / 211
13.1.4　封面新闻：推出“30 秒”频道 / 212

13.2　智能文娱背后的技术支撑 / 213

13.2.1　创新编程 / 213
13.2.2　沉浸式视听体验 / 215
13.2.3　交互式创意空间 / 217
13.2.4　智能传感技术 / 218
13.2.5　AIGC 技术推动智能文娱发展 / 219

13.3　人工智能影响文娱产业 / 225

13.3.1　人工智能对当下文娱产业的负面影响 / 225
13.3.2　人工智能影响文娱产业的 30 种方式 / 226
13.3.3　泛娱乐化的游戏是什么样子 / 229

参考文献 / 230

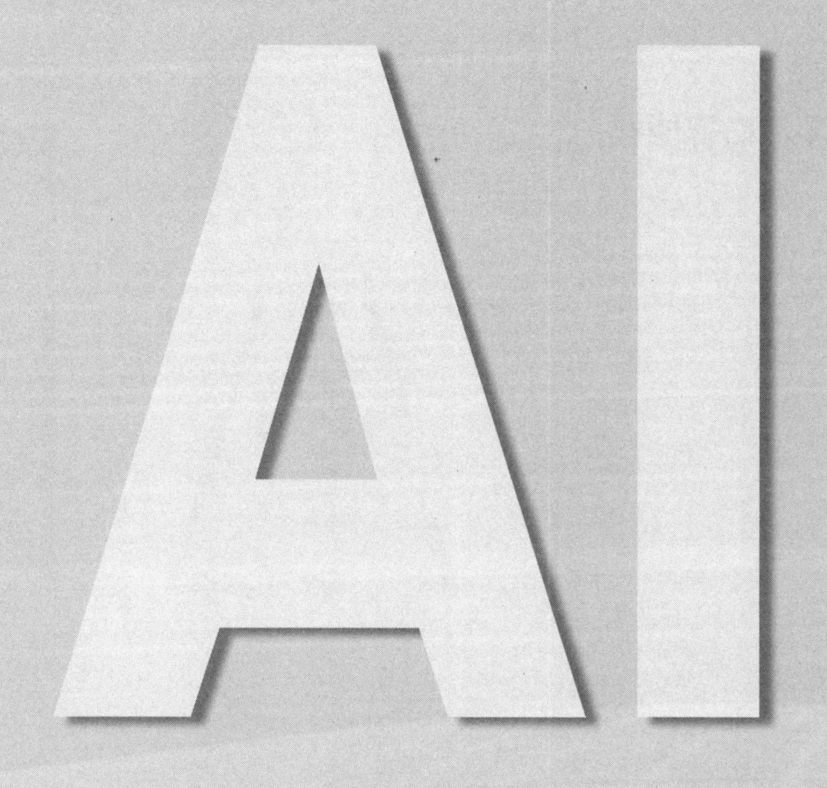

上篇 迎接AI新时代

认知觉醒：你真的了解人工智能吗

1956年，在达特茅斯会议上，一位学者首次提出了“人工智能”（Artificial Intelligence，AI）一词。从那以后，众多研究者前赴后继地投入这个领域，丰富了人工智能的概念，同时创造出众多研究成果。人工智能是一门极其复杂的科学，包含众多领域，如机器学习、计算机视觉、心理学、哲学等。想要真正了解人工智能，我们需要精通计算机知识，并储备其他学科知识，建立系统化的综合认知体系。

1.1 人工智能概述

关于人工智能，很多人对其都是“知其然而不知其所以然”。例如，只知道人工智能的目标是让机器代替人类工作，但对其概念、发展现状以及技术成熟度都不太了解。下面对人工智能的基本情况进行介绍，以帮助大家对人工智能建立基本的认知。

1.1.1 思考：人工智能是什么

2022 年 11 月，专注于人工智能领域的研究实验室 OpenAI 推出一款名为 ChatGPT 的智能应用，迅速引爆整个互联网。

随着人工智能技术不断深入发展，越来越多的人工智能应用走向成熟。ChatGPT 是新一代智能聊天机器人模型，展现出人工智能在文本处理方面的新突破，掀起各大企业布局人工智能内容生成领域的热潮。

作为一款人工智能语言模型，ChatGPT 能够轻松理解并回答使用者提出的各种问题，与使用者自如地互动。通过与 ChatGPT 对话，使用者不仅能够获取信息、进行娱乐，还能够解决诸多实际问题。丰富的知识储备与强大的自然语言处理能力，使 ChatGPT 能够准确地完成语言生成、情感分析、语义理解等多种任务。

同时，ChatGPT 的开放性使越来越多的普通用户开始接触人工智能，并逐渐理解与应用人工智能技术，思考人工智能对社会产生的影响。ChatGPT 的出现进一步拓展了人们对人工智能的想象，也为人们思考人工智能与人类的关系提供了一种新视角。

人工智能是当下全球热门的话题之一，也是引领世界未来科技领域发展的风向标。它是研究、开发用于模拟、延伸和扩展人的智能的理论、方法、技术及应用系统的一门新的科学技术。

人工智能是计算机科学的一个分支，目标是了解人类智能的本质，并研发出一种能以类似人类智能的方式处理问题的智能机器。

自人工智能诞生以来，随着理论和技术日渐成熟，其应用领域不断扩大。人们在日常生活中可以接触很多人工智能应用，如上文提到的ChatGPT等智能聊天模型、音乐网站的个性化推荐机制、人工智能医疗影像等。可以设想，未来的科技产品将会是人类智慧的"容器"，机器可以模拟人的意识、思维，像人那样思考，甚至可能比人类更加智能。

人工智能共有四大技术分支，如图1–1所示。

（1）模式识别指的是对表征事物的信息（如数值、文字、逻辑关系等）进行处理，如汽车车牌号识别、图像处理等。

（2）机器学习指的是计算机通过重新组织已有的知识结构，不断完善自身的性能，获取新的知识或技能，来模拟或实现人类的行为，如网站个性化推送消息、汽车导航等。

（3）数据挖掘指的是通过算法从知识库中挖掘出有用的信息，如市场分析、疾病预测等。

（4）智能算法指的是针对某类问题的特定模式算法，如计算工程预算、规划最短路径等。

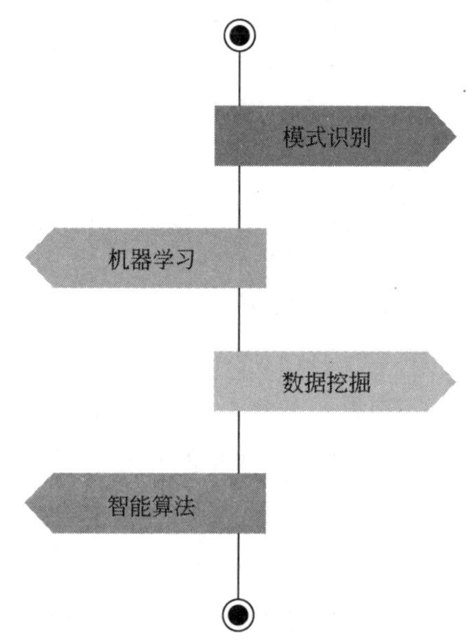

图1–1　人工智能的四大技术分支

随着人工智能技术的不断发展，人工智能会出现三种形态，如图1–2所示。

（1）弱人工智能指的是擅长某个方面工作的人工智能。例如，战胜世界围棋冠军的AlphaGo就属于弱人工智能，它只会下围棋，如果我们问它"怎么炒菜"，它就不知道该怎么回答。

（2）强人工智能指的是人类级别的人工智能。它在各方面都能和人类比肩，人类能干的大部分脑力工作它都能干。强人工智能比弱人工智能复杂得多，现阶段的人工智能技术还无法实现强人工智能。

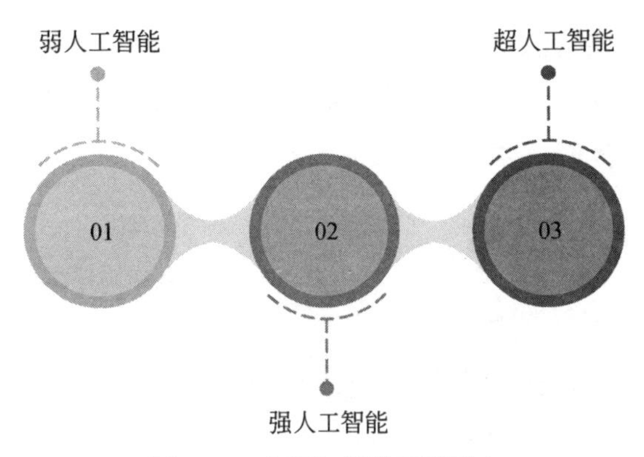

图 1-2　人工智能的三种形态

（3）超人工智能指的是各方面都比人类强的人工智能，可以承担人类无法完成的工作。人工智能思想家尼克·博思特罗姆（Nick Bostrom）将超人工智能定义为："在几乎所有领域都比最聪明的人类大脑聪明很多，包括科技创新、通识和社交技能。"

虽然目前的人工智能还处于弱人工智能阶段，但在许多领域已经有了较为成熟的应用，下面介绍几个人工智能的主要应用领域。

（1）机器人领域。人工智能机器人，如 PET 聊天机器人等，可以理解人类语言，并用特定传感器采集、分析出现的情况，从而调整自己的动作和语言，实现与人类对话。

（2）语音识别领域。在语音识别领域应用人工智能可以将语言和声音转换成可进行处理的信息，从而实现人与机器的语音交互，例如，语音开锁、语音输入等都是人工智能在语音识别领域的应用。

（3）图像识别领域。在图像识别领域，人工智能可以进行更精确的图像处理、分析和理解，以识别各种不同的目标和对象，如人脸识别、商品识别等。

（4）专家系统。人工智能可以用于建立具有专门知识和经验的计算机智能程序系统，采用数据库中的知识数据和推理技术来模拟专家解决复杂问题。

1.1.2　探索人工智能的现状

对于人工智能的发展现状，社会上有一些夸大的言论，例如，人工智能水平即将全面超越人类智能水平、30 年内机器人将统治世界等。这些错误认识会影响我们对人工智能的理解，同时会给人工智能的发展带来不利影响。想要正确认识人工智能，我们就要了解其发展现状，如图 1–3 所示。

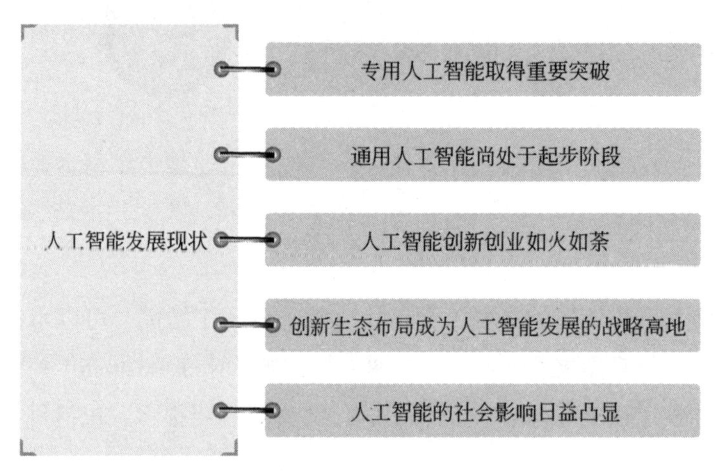

图 1–3 人工智能发展现状

1. 专用人工智能取得重要突破

从应用性上看，人工智能可分为专用人工智能和通用人工智能。面向特定任务的专用人工智能具有任务单一、需求明确、建模相对简单等优势，在部分领域的智能水平已经超越人类智能。例如，AlphaGo 在围棋比赛中战胜人类冠军，人工智能系统诊断皮肤癌达到专业医生水平等。

2. 通用人工智能尚处于起步阶段

人的大脑是一个通用的智能系统，可以处理视觉、听觉、嗅觉、触觉、味觉等各种感觉，可以进行判断、推理、学习、思考。因此，一个真正意义上的人工智能系统应该能像人脑一样也是一个通用的智能系统。目前，虽然专用人工智能已经有了可喜的成果，但通用人工智能的研究仍然任重道远。

当前，人工智能在信息感知、机器学习等“浅层智能”方面有了明显的进步并实现了广泛的应用，但在处理概念抽象、推理决策等“深层智能”方面还有发展空间。可以说，现在的人工智能系统有智能没智慧、有智商没情商、有专才无通才，依旧与人类智能相去甚远。

3. 人工智能创新创业如火如荼

人工智能技术在引领新一轮产业变革方面具有重要战略意义，很多企业已经展开了布局。例如，谷歌在其年度开发者大会上提出将发展战略由“移动优先”转变为“人工智能优先”；微软在公司年报中将人工智能作为公司发展愿景。

人工智能领域处于创新创业的前沿。根据艾瑞咨询发布的报告，2022 年，我国人工智能产业规模达到 1958 亿元，年增长率为 7.8%，整体平稳向好。2022 年业务增长主要依靠智算中心建设以及大模型训练等应用需求拉动的 AI 芯片市场、无接触服务需求拉动的智能机器人及对话式 AI 市场。目前中国大型企业基本都在规划、实施人工智能项目。未来，随着中小型企业的普遍尝试和大型企业的稳健部署，在 AI 成为数字经济时代核心生产力的背景下，2027 年人工智能产业规模将达到 6122 亿元。

随着相关科技成果落地，人工智能将会加速与实体经济的融合，拥有更丰富的应用场景，并助推产业转型升级，为经济高质量发展注入强劲动力。

与此同时，人工智能的产品形态和应用边界不断拓展，如图 1–4 所示。2022 年，人工智能产学研界在通用大模型、行业大模型等促进技术通用性和效率化生产的方向上取得了一定突破。商业价值塑造、通用性提升和效率化应用是 AI 技术助力产业发展、社会进步和自身造血的要义。

图 1–4 人工智能产品的应用场景

4. 创新生态布局成为人工智能发展的战略高地

目前，信息产业格局还没有形成垄断，全球科技产业巨头都在积极推动人工智能技术生态布局的创新，抢占人工智能产业的制高点。人工智能创新生态布局包括纵向布局数据平台、计算芯片、图形处理器等技术生态系统，以及横向布局智能制造、智能医疗、智能零售等商业和应用生态系统。

5. 人工智能的社会影响日益凸显

人工智能作为新一轮科技革命的核心力量，正在推动传统产业升级，驱动“无人经济”快速发展，在智能零售、智能家居、智能医疗等领域都得到了广泛的应用。但是，人工智能系统在个人隐私信息保护、创作内容的知识产权、无人驾驶系统的交通法规等方面存在的问题日益凸显，亟须尽快制定解决方案。

1.1.3 人工智能的成熟度如何

目前，人工智能在机器学习、深度学习和大数据的帮助下，取得了巨大的进步。人工智能在某些领域战胜人类的新闻层出不穷，这让人们不禁思考一个问题：人工智能变得越来越聪明，能帮助我们解决越来越多的问题，这是否意味着人工智能技术的成熟度已经非常高了呢？答案是否定的。

人工智能虽然有几十年的发展史，但目前仍处于早期发展阶段，其应用主要是弱人工智能与垂直行业相结合。人工智能目前只是辅助人类工作，根据人类的指令处理问题，还没有与人类比肩的思维能力。

从产业链上看，人工智能产业链包括大数据、云计算等基础技术，机器学习、深度学习等人工智能技术，语音、对话以及识别等人工智能应用三个层面。事实上，人工智能产业链的成熟度取决于关键技术的突破。因此，想通过大规模投资来实现人工智能技术的突破是不现实的，目前应该关注关键技术，技术成熟再应用，所有技术成熟再考虑人工智能技术的整体突破，这样会更加稳妥。因此，人工智能还有很长的路要走。

综上所述，目前人工智能技术的成熟度还没有达到替代人类工作的程度。随着科技不断进步，在不久的将来，人工智能一定能为我们提供更多更优质的服务。

1.2 人工智能的三起两落

人工智能在发展过程中已经经历了三次高潮、两次低谷。也就是说，人工智能的“泡沫”已经破灭了两次。下面回顾一下人工智能“三起两落”的坎坷发展史，以便从中积累经验，窥探人工智能的未来发展趋势。

1.2.1 第一次起落分析

1956—1974 年是人工智能的第一次起落期。在 1956 年人工智能学科诞生后，赫伯特·西蒙乐观地预测 20 年内会诞生完全智能的机器。虽然这个目标最终没有达成，但在当时掀起了人工智能研究热潮。

1963 年，美国高级研究计划局投入了 200 万美元支持麻省理工学院、卡内基梅隆大学的人工智能研究组进行人工智能相关研究工作，启动了 MAC（Mathematics and Computation，数学与计算）项目。这个项目是麻省理工学院计算机科学与人工智能实验室的前身，早期的计算机科学与人工智能人才都来源于此，这个项目也取得了一些实验成果。

1964—1966 年，约瑟夫·维森班开发了第一个自然语言对话程序——ELIZA。这个程序能够通过简单的模式匹配和对话规则进行任何主题的英文对话。

1967—1972 年，日本早稻田大学研制出第一个人形机器人 Wabot-1。它可以与人类进行简单的对话，还可以在室内走动和抓取物体。1980 年更新的第二版 Wabot-2，还增加了阅读乐谱和演奏电子琴的功能。

由于计算能力有限，加之科学家最初的预测过于乐观，导致人们在人工智能方面取得的成果和期望有巨大的落差。20 世纪 70 年代，公众对人工智能研究的热情开始减退，一些组织和机构开始削减对人工智能的投资。20 世纪 70 年代中期，人工智能的发展进入第一次低谷期。

1.2.2 第二次起落分析

1980—1987 年是人工智能的第二次起落期。专家系统和人工神经网络的兴起，让人工智能迎来了第二次发展浪潮。

1980 年，卡内基梅隆大学研发了一套基于规则开发的专家系统——XCON 程序，帮助迪吉多公司的客户自动选择计算机组件，为该公司节约了大量成本。在巨大的商业价值的刺激下，工业领域也掀起研究人工智能的热潮。1982 年，日本通商产业省启动了“第五代计算机”计划，目标是利用大规模的并行计算来建设通用人工智能平台。10 年间这个项目花费了 500 亿日元，但还是未能达到预期目标。

专家系统的出现让一些较为简单的问题有了解决方案，如人脸识别、手写识别等。即使是当时最困难的问题——大词表连续语音识别，在实验室中也有“基本可用”的解决方案。但在跨越“基本可用”到“实用”之间的鸿沟方面，十几年都没有实现进一步突破，于是大家对人工智能的发展又转向悲观。

1984 年，在 AAAI 会议上，罗杰·单克和马文·明斯基提出“AI 寒冬”即将到来。与此同时，各机构和组织对人工智能的投资减少，人工智能进入了第二次衰落期。

1.2.3 第三次兴起分析

在人工智能进入第二次衰落期之前，深度学习的前身——人工神经网络取得了重大进展。1986 年，戴维·鲁梅哈特、杰弗里·辛顿等人推广了保罗·韦尔博斯发明的反向传播算法，使得大规模神经网络训练成为可能。反向传播算法使神经网络隐藏层可以学习数据输入的有效表达，这是神经网络乃至深度学习的核心思想。

虽然当时受制于计算机性能，人工智能未实现工业级应用，但人工神经网络的发展为人工智能的第三次兴起和爆发奠定了基础。

2006 年以前，由于反向传播算法存在一些缺陷，如收敛速度慢、容易陷入局部最优解、梯度消失等，它无法训练层数太深的神经网络。这让当时关于深度神经网络的很多研究都以失败告终，而人工神经网络也只有一层或两层的隐藏层。

直到 2006 年，杰弗里·辛顿等人提出深度信念网，对如何有效训练具有相当深度的人工神经网络给出了答案，引发了人工神经网络新一轮的发展热潮。随后，深度信念网又被辛顿等人命名为“深度学习”。

深度学习是人工神经网络的一个分支，但它与浅层神经网络有较大的区别，它的特点主要有以下几个。

（1）深度学习是层数较多的大规模神经网络，能实现非常复杂的非线性多分类映射关系，体现出一定的智能性。

（2）深度学习对原始数据集中蕴含的样本特性进行逐层抽样，不断发现高层的特征，减少特征的维数，从而在“神经元”的基础上实现复杂的系统功能。

（3）深度学习的神经网络规模大，神经元数量多，只有具备大规模并行计算条件的软硬件，才能支撑起深度学习的神经网络。

（4）深度学习网络是一个非常复杂的非线性系统，要降低结构风险，就必须使用大量样本进行训练，确保训练集上的经验风险足够小。

可见，深度学习的发展需要建立在强大算力、海量数据的基础上，这也解释了为什么近 10 年关于深度学习的研究才开始出成果。

目前，深度学习的理论研究还处于起步阶段，但在应用方面已显现出巨大价值。从 2011 年开始，微软研究院和谷歌（Google）研究深度学习在语音识别领域的应用，最终使语音识别错误率降低了 20% ～ 30%，语音识别领域的研究有了突破性进展。2012 年，深度学习在图像识别领域取得惊人的成果，错误率从 26% 降到 15%。

深度神经网络的结构越来越复杂，业界从网络深度和网络结构两方面不断对其进行探索，以提高其性能。例如，2014 年，谷歌提出 Inception 网络结构；2015 年，微软提出残差网络结构；2016 年，黄高等人提出密集连接网络结构。随着神经网络层数不断增加，其学习效果越来越好。2015 年，微软提出的 ResNet 凭借 152 层的网络深度在图像分类的准确率上首次超过人眼。

为了丰富深度神经网络节点功能，业界探索并提出了新型神经网络节点。2017 年，辛顿提出“胶囊网络”概念，将胶囊作为网络节点，克服了卷积神经网络没有空间分层和推理能力等局限。2018 年，DeepMind、谷歌大脑、麻省理工学院联合提出“图网络”概念，赋予深度学习因果推理能力。

深度神经网络模型大、运算量大，难以部署到手机、摄像头、可穿戴设备等终端类设备上。为了解决这个问题，目前业界采用模型压缩技术对已训练好的模型做修剪和设计更精细的模型。为了降低深度学习算法建模及调参过程的门槛，业界提出了自动化机器学习技术，实现了深度神经网络的自动化设计。

深度学习与强化学习的融合催生了深度强化学习技术，该项技术融合了深度学习的感知能力和强化学习的决策能力，克服了强化学习只适用于低维状态的缺陷，可以直接从高维原始数据学习控制策略。

为了减少训练深度神经网络模型需要的数据量，业界还引入了迁移学习的理论，从而催生了深度迁移学习技术。所谓迁移学习，指的是利用数据、任务或模型间的相似性，将旧领域的模型应用于新领域的一种学习过程，以实现用少量的数据达到最好的学习效果。

目前，我国在深度学习领域缺乏重大原创性研究成果，基础理论研究不足。例如，胶囊网络、图网络等概念都是由美国专家提出，深度强化学习方面最新的研究成果也都是由 DeepMind 和 OpenAI 等外国公司的研究人员提出。因此，我国要加强深度强化学习等前沿技术的研究，提出更多原创性成果，增强在全球人工智能领域的学术研究影响力。

1.3 人工智能价值分析

如今，人工智能成了一个稳定发展的领域，在逻辑、推理和游戏等方面都取得了巨大的成功。一些我们视为人类智力巅峰的任务，如微积分、国际象棋等，人工智能几乎能毫不费力地完成。虽然人工智能还未实现通用，但其在一些领域展现出了远超人类的智能性以及巨大的价值，为人类的生产生活提供了很多帮助。

1.3.1 感受人工智能的商业价值

硅谷“钢铁侠”埃隆·马斯克曾在推特上写道:“对于我们人类来讲，只有坚持最美好的初衷,AI 也才会更美好。”对于 AI 商业落地，我们也要坚持初衷，用更人性化的设计引流人类社会，促进商业变革。

目前，得益于计算力的增长与算法的不断优化，人工智能技术逐渐成熟。人工智能在各种场景的应用成为热门话题，不少企业开始挖掘人工智能的商业价值。

作为朝阳产业，人工智能的商业价值不可小觑，且仍然处于不断探索与丰富的状态，尚未形成定式。如果将人工智能看作一个技术工具，那么只要是能满足该技术底层逻辑的应用场景，都能被人工智能赋能。

实现人工智能的商业价值主要有两条路径：其一，使之成为企业的有力助手，帮助企业深入挖掘产品全生命周期数据，为企业各部门工作提供自动化与辅助性技术，激活企业改革与创新活力，使企业探索出全新生产方式，成为智能转型问题的解决者、专业工具与方案的提供者；其二，直接面向消费者，开发智能化、个性化、多样化的产品，并发挥核心圈层的辐射带动作用，使自身成为智能时代的主流企业。

随着时代的发展与技术探索的不断深入，人工智能的商业模式将会发生一定的变革，如表 1–1 所示。

表 1–1　人工智能发展各阶段的商业模式

阶段	2018 年以前	2018—2025 年	2025 年以后
商业模式	平台与模型试用； 合作研究、知识产权交付； 项目制作解决方案； SaaS 模式	项目制咨询与解决方案交付； 一站式产品方案； AloT 设备或模组销售； 算法授权许可； SaaS 模式； 高层次科研项目承建； 商业版引擎 / 平台开发与销售	提供极具通用性的 OS 平台及其他核心工具； 提供咨询与解决方案； 生态运营

不难看出，随着技术逐渐成熟和应用落地更加普遍，人工智能将实现产业规模化、生态化、全面化、多样化发展，人工智能的商业价值能够更好地凸显出来。

1.3.2　人工智能离不开资本助力

当前，人工智能正处于迅猛发展的时期。虽然这项技术能够给社会生产、企业发展带来巨大的价值，但其价值没有被完全挖掘出来。因此，关于人工智能技术的探索不会停止，在未来几年，甚至十几年，人工智能仍然有很大的发展空间。

1999 年，第一笔投向 AI 技术平台 Enkia 的 VC 资金拉开了资本向人工智能领域流入的序幕。发展至今，百度、谷歌、苹果、亚马逊等行业巨头与各大投资方纷纷将目光转向有巨大发展前景的人工智能企业，竞相投资，全球范围内人工智能领域的投资已经达到千亿美元级别。

根据艾瑞咨询发布的报告，当前人工智能产业投资热度仍在，且融资向中后期过渡，视觉赛道上市浪潮涌动。就中国市场而言，统计时间内，Pre-A ～ A+ 轮人工智能产业创投轮次为数量最多的轮次；整体而言，Pre-B ～ B+ 轮及后续轮次的人工智能产业创投数量逐渐增加，资本流向稳定发展企业，融资逐渐向中后期过渡。

部分计算机视觉赛道企业已完成交表动作。投资标的更加丰富，孵化出 AIGC、元宇宙、虚拟数字人等新投资赛道；认知与决策智能类企业受到更多关注，智能机器人、自动驾驶两类无人系统是当下融资的热门赛道。

以人工智能为代表的高端智能技术是各国制造业发展的关键，各个国家对人工智能技术进行深入探索的脚步不会停滞。能否拉动资本入池大力助推人工智能的发展，将成为未来各国在制造业水平竞争方面能否取得成功的重要因素。

1.3.3 全球主要国家对人工智能的态度

全球主要国家在人工智能领域的竞争非常激烈。英国牛津洞察智库发布的《政府 AI 就绪指数报告》显示，全球大概 40% 的国家都已经发布或将要发布人工智能战略。各国都想率先布局人工智能，成为该领域的领先者，如图 1-5 所示。

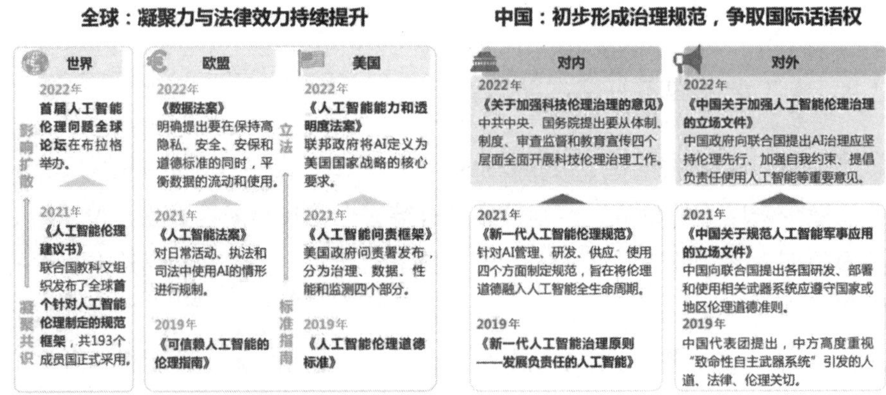

图 1-5　各国对人工智能的态度与规范

其中，美国从安全、技术创新、国际合作等方面展开战略部署，明确将 AI 列为维护国家安全的关键技术。在组织机构方面，美国的人工智能咨询委员会提出组建人工智能领导力、支持美国劳动力等 5 个工作组，为美国人工智能领域的发展提供决策建议。

在欧洲，英国相关部门在 2022 年 6 月发布《国防人工智能战略》，提出将通过科学和技术获取国防战略优势地位。2022 年 7 月，英国国防科技实验室成立人工智能研究中心，专注研究人工智能能力发展问题，成果将惠及全社会。法国政府计划出台新的"人工智能国家战略"，预计在未来投入 22 亿欧元用于发展人工智能，从而加快人工智能应用落地。

在亚洲，很多国家都加大了人工智能领域的投资力度。2022 年 3 月，韩国宣布计划在未来 3 年内在人工智能领域投资超过 20 万亿韩元，并提供税收激励，推动人工智能产业的发展。2022 年 3 月，日本宣布将推出与人工智能等尖端技术相关的国家战略，支持相关领域的研发工作。

近年来，我国在人工智能领域也取得了快速发展，在电子商务、语音和视觉识别、智能机器翻译、自动驾驶等方面，均处于世界领先地位。2022 年 8 月，科技部、教育部、工业和信息化部、交通运输部、农业农村部、国家卫生健康委联合发布了《关于加快场景创新以人工智能高水平应用促进经济高质量发展的指导意见》，从打造人工智能重大场景、提升人工智能场景创新能力、加强人工智能场景创新要素供给等方面提出措施，指导各地加快人工智能场景应用，推动经济高质量发展。

预计到 2035 年，人工智能将推动我国劳动生产率提高 20% 以上，大幅提升经济增加值。

1.3.4 如何看待人工智能威胁论

如今，人工智能已经渗透我们生活的方方面面。在人工智能为我们带来便利的同时，"人工智能威胁论"也甚嚣尘上。科幻电影《黑客帝国》就展现了一个由人工智能控制的世界，在其中，人类和人工智能之间爆发了一场战争，最终人类落败，人工智能成了世界的主宰。

鉴于可能出现这种情况，一些科学家便提出了"人工智能威胁论"，例如，著名的物理学家霍金就曾多次表达对人工智能将全面取代人类的担忧。2017 年 12 月，霍金在长城会举办的"天工开悟，智行未来"活动上表示，聪明的机器将代替人类正在从事的工作，可能会迅速消灭数以百万计的工作岗位。

毫无疑问，人工智能的发展的确会给我们的生活带来影响，甚至会威胁某些人的生存。例如，在建筑领域，一台人工智能现代化机械就可以承担几十个建筑工人的工作，这可能导致大量建筑工人失业。

另外，在一些高危领域和工作高精细度的领域，人工智能可以比人工发挥更大的优势。随着人工智能的普及，一部分人确实会失业，从这个方面来看，人工智能的确会给人类带来威胁。那么，人工智能有没有可能威胁整个人类的存续？换句话说，人工智能是否会脱离人类的控制，甚至控制人类呢？

事实上，这个可能性是存在的，但并不会像科幻电影中展现出来的那么夸张。以现在人工智能的发展程度而言，人工智能反抗人类简直是天方夜谭。因为人工智能想要反抗，甚至控制人类就必须拥有独立意识，而现在的技术还远不能实现。

即使经过几十年、几百年的发展，人工智能拥有独立意识，但人们对人工智能威胁人类存续的担心依然是多余的。因为未来的人工智能只会朝更加精细化的方向发展，每种人工智能应用只在某个领域内是专家，这在无形中降低了人工智能对人类的威胁。

人工智能的崛起是时代发展的必然趋势，人类不能阻挡这一趋势。就像人类掌控火种一样，也许在过程中会被火焰烧伤，但终究是人类掌控了火种。因此，对待人工智能，我们要保持谨慎的态度但也无须过于担心，未来社会将是人工智能与人类合作共赢的形态。

1.4 人工智能面临的机遇与挑战

人工智能的发展引发新一轮生产力革命以及人类分工的深化，其中蕴藏着巨大的机遇与挑战。抓住机遇，迎接挑战，企业才能够在新一轮科技革命中占据优势，提升竞争力。

1.4.1 机遇一：新基建带来新发展

新基建是提供数字转型、智能升级等服务的基础设施体系，它针对高质量发展需要，以新发展理念为引领，以技术创新为驱动，以信息网络为基础。

我国一系列新基建政策的出台与落地，为数字化基础设施带来广阔发展前景。新基建将加速人工智能与新兴技术的深度融合，进一步赋能人工智能全面产业化，促进人工智能核心产业市场规模实现爆发式增长。

根据艾媒咨询的分析，2020 年国家新基建战略的出台从政策资源、技术生态、应用场景等方面全方位助力人工智能实现全面产业化，其核心产业规模保持强劲增长势头。

新基建时代，人工智能有以下几大发展趋势，如图 1–6 所示。

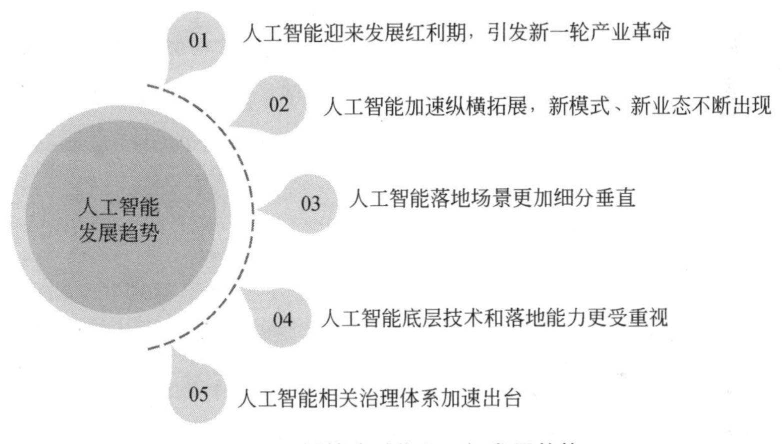

图 1–6　新基建时代人工智发展趋势

1. 人工智能迎来发展红利期，引发新一轮产业革命

如今，传统经济动能日渐式微，面对经济下行的压力，传统产业转型升级的诉求日益强烈。目前，人工智能被应用到生活、生产等多个场景，成为助力社会运转的中坚力量，展示出科技创新产生的强大动能。随着一系列新基建政策的出台，经济新旧动能转换加速，人工智能将迎来发展红利期，进而引发新一轮产业革命。

2. 人工智能加速纵横拓展，新模式、新业态不断出现

在新基建浪潮的影响下，大量的资本、人才、资源涌入人工智能领域，推动人工智能纵横拓展。在纵向上，算法、算力的突破促使人工智能技术不断升级；在横向上，人工智能与新、老产业加速融合，促进产业变革。技术和应用的双向发展，将强化人工智能的基础设施地位，加速其在生产、生活中的应

用，进而不断催生出新模式、新业态。

3. 人工智能落地场景更加细分垂直

利用人工智能技术解决各行业痛点问题，降本增效，是驱动人工智能商业化落地的根本动力。随着人工智能迈入成熟化发展阶段，一些通用化、浅层化的产品和服务逐渐难以满足各行业日益垂直化、专业化的赋能需求。因此，人工智能需要向更精细化、高质量的方向发展，提升数据的量级以及复杂程度，用高质量数据优化产品和服务。

4. 人工智能底层技术和落地能力更受重视

数字经济的发展将加速人工智能全面产业化，而我国庞大的经济体量又为人工智能在细分垂直领域的发展奠定了基础，再加上利好的政策和技术环境，人工智能将步入“百花齐放”的发展阶段。同时，资本将趋于理性，从关注热点概念转向关注应用落地，行业“泡沫”被清除，具备底层技术创新和落地能力的企业更受资本青睐。

5. 人工智能相关治理体系加速出台

人工智能的发展虽然为社会、经济、环境等创造巨大价值，但其背后也隐藏了一些不容忽视的风险，包括道德伦理、隐私保护、社会公平等。技术是一把“双刃剑”，不能任由其野蛮发展，只有出台配套的治理体系，才能保证相关产业健康发展。在人工智能带来新的发展机遇、为人们的生产生活提供便利的同时，市场对监管的呼声也日趋强烈，这势必加速相关治理体系的出台。

1.4.2 机遇二：创造更多新岗位

作为一项能够提升社会生产力的新兴技术，人工智能的发展与应用落地促使更多新的工作岗位出现。

首先，人工智能能够创造出新职业和新岗位。现在的一些与数字化技术相关的新兴职业在过去并不存在，例如，与数据、算力、算法相关的一系列岗位。具体来说，数字化管理师、物联网工程师、云计算工程师、大数据工程师、人工智能工程技术人员等都是新技术开发过程中衍生出来的新兴职业。每一种职业背后都是庞大的就业人群，以数据标注师这一职业为例，在我国，从事这一职业的全职人数达到 10 万人，而从事兼职工作的人群规模接近 100 万人。

其次，人工智能能够为传统行业带来新的任务。在传统的医疗、教育等行业中，以人工智能技术为支撑的在线智慧医疗、智慧教育等应用已实现大范围覆盖。人工智能承担传统行业中重复性、机械性的简单工作，劳动者则通过自身经验的积累，奔赴更具创造力的工作岗位。

最后，我们要高度重视那些无法被人工智能取代的传统岗位的价值。例如，家政、育儿师、医疗护工、养老院护工等岗位很难被人工智能取代，尤其是在当前我国人口老龄化的背景下，养老院护工与医疗护工的市场十分火热。

设计师、艺术家、作者等充满创造力的岗位同样无法被人工智能替代。2023 年，AI 绘画出现在人们的视野中并掀起热潮，许多 AI 创造出的画作都十分精美，甚至毫无瑕疵。但是，AI 绘画是建立在人类画师画作的基础之上的，若没有传统画师的画作，那么再“聪明”的 AI 也不能独自创造出作品。总之，人类无穷的想象力与创造力始终是人工智能无法拥有的。

因此，我们不仅要认识到人工智能带来的全新行业与岗位的价值，积极促进人工智能的发展以提升就业率，还要始终保持自身的创造力与想象力，重视那些难以被人工智能取代的传统岗位的价值。

1.4.3 挑战之规避法律问题

当前，我们已经进入一个崭新的人工智能时代，新技术的发展为整个世界带来了翻天覆地的变化。自动驾驶汽车、配送快递的机器人、智能语音助手等新事物层出不穷，在享受人工智能技术为生活带来便利的同时，人们对人工智能技术所带来的伦理与法律问题的讨论也从未停止。

在人工智能为社会文明带来重大利好的同时，现存的法律制度也面临着很多新问题与挑战。例如，人工智能属于新型法律主体还是法律客体？是否需要针对人工智能颁布新法律？由人工智能驾驶的自动汽车若发生车祸责任该如何认定？大数据时代，人们的数据隐私该如何保障？企业与平台收集的海量数据应当如何依法依规使用？

这些问题影响人工智能进一步发展。对此，我们必须剖析其中的原因，明确人工智能领域法律规制的重点。

1. 人工智能领域法律问题的原因剖析

在人类文明发展过程中，已经形成了一套较为完备的法律制度。然而，人工智能正在逐渐打破人类在社会生活中唯一理性主体的地位，使人类不再具有“唯一性”。例如，以前只有人类能够驾驶机动车、作画、写诗、写文章，但是如今，越来越多的人工智能开始参与这些向来只有人类能够参与的社会活动。此前以人类为唯一中心而制定的法律制度不适用于人工智能，由此便会产生一系列法律问题。

不管是刑事案件中的刑责认定，还是民事法规中对于物品使用权、所有权归属的界定，都是围绕人这一中心展开的。目前的法律大多是调整人的行为或社会关系，并不涉及对人工智能行为的判定。

人工智能的出现给现存的法律制度与体系带来全新的挑战。具体来说，人工智能具有独特、高度类人的智能，与以往的技术存在根本上的差别。人工智能运行的底层逻辑是通过运算模仿人类智能，甚至代替人类工作。这直接导致在人类智能之外出现了一种全新的机器智能，社会关系中出现了新的利益主体，打破了现行的法律制度预设的“人类是社会生活中唯一的理性主体”这一前提。

2. 人工智能领域法律规制的重点

面对人工智能对现存法律制度的冲击，如何围绕技术的发展，出台对人工智能领域行之有效的法律，便成为我们需要重点考虑的问题。

首先，需要明确界定技术开发主体对人工智能相关问题须承担的法律责任。归根结底，人工智能创造出的成果或进行的工作，都是由人为设置的算法来完成的。从目前的技术发展水平来看，人工智能不能成为行使权利的主体，人工智能创造的事物本质上依然是人的能动性创作。因此，在人工智能领域的权责认定方面，法律应当将其技术开发主体视为责任主体。不仅是人工智能的创新性成果的知识产权权利归于其技术开发主体，如果人工智能造成负面影响，后果也应当由其技术开发主体承担。

其次，应当从人工智能开发者的角度入手制定法律规制，严格规范人工智能的开发与应用，以降低人工智能对当前社会伦理与法律制度的冲击。法律法规应能够对滥用技术挑战道德伦理的技术开发者进行严厉的法律制裁，有力地约束技术开发者，使技术开发者坚持“以人为本”“技术服务于人类”的理念，坚守社会道德与伦理底线。

最后，当前人工智能技术与大数据技术结合应用的场景最为广泛。为了进一步保护人们的隐私，相关法律法规要对人工智能技术挖掘用户数据价值的做法予以规范、引导，禁止任何企业或平台利用人工智能侵犯用户隐私。

事实上，由于技术方面还存在一定限制，当前人工智能还处于初级发展阶段，机器智能取代人类智能只是人们的担忧。我们不能因噎废食，由于担心人工智能取代人类而停止对人工智能技术的研究。只要在社会发展过程中根据实际情况适时调整法律法规，始终严格把控人工智能的发展，便能够最大限度降低其负面效应，使其成为技术创新与产业发展的珍贵动能。

1.4.4　百度 AI：发布全球首个航天大模型

深度学习出现后，人工智能具备执行更多复杂任务的能力，包括语音识别、图像识别、文本翻译、消费行为预测等。各行各业都开始布局人工智能，推出相关应用。不仅限于地球上的应用，人工智能在航天领域也大有作为。“嫦娥三号”进行首次地外天体软着陆和巡视探测时，就应用了人工智能技术。它可以利用人工智能自主避障，寻找月面合适的降落点，实现了我国在航天领域的突破。

2022 年 7 月，由百度与央视新闻共同举办的“2022 百度世界大会”成功召开。在会上，百度 CTO（Chief Technology Officer，首席技术官）王海峰公布了百度与国家航天局探月与航天工程中心的合作进展，并发布了全球首个航天大模型——“航天—百度・文心大模型”。该大模型基于对海量航天数据和知识的深度学习，能够对航天数据进行广泛采集、分析与理解，助推航天智能感知、智能控制等技术实现突破。

“航天—百度・文心大模型”在航天领域的成功应用，可以在一定程度上解放科研人员的劳动力，使科研人员将更多精力投入创新研发工作。未来，百度将与国家航天局探月与航天工程中心深入合作，在深空探测智能技术研发、航空项目实施、航天人才培养等方面进行深入探索。

“航天—百度・文心大模型”的出现，是人工智能技术在航天领域应用的一个里程碑式的突破。其规避了传统人工智能模型应用范围单一的弊端，以大模型实现了更强的通用性。

决定人工智能模型是否“聪明”的关键在于算法以及算法背后用于训练的数据的广度和深度。这就要求在有更多的数据用来训练人工智能模型的同时保证模型的学习效率和质量。

过去，人工智能难以落地的一个原因是传统人工智能模型泛化性差，即 A 模型只能应用于 A 领域，无法应用于 B 领域。另外，传统模型需要海量的标注数据，如果数据量不够大，模型精度就会大打折扣。

人工智能在航天领域的应用同样存在上述问题。而且航天是一项复杂的系统工程，包括空间技术、空间应用和空间科学三大部分，每一部分都涉及成百上千个细分领域的知识。这意味着传统模型训练方式在航天领域很可能会出现通用性差的问题，每一个细分场景都需要重新训练模型，但如果针对每个细分场景都推出一个小模型又会增加很多成本。

大模型的出现则为解决上述问题提供了一个新思路。它通过“预训练大模型 + 下游任务微调”的方式，提升模型的通用性，增强模型的泛化能力，从而让模型实现“举一反三”。相较于传统模型训练，大模型需要的训练数据少、人工标注成本低、模型使用门槛低、模型利用效率高，因此，在近些年越来越受欢迎。

事实上，除了与国家航天局探月与航天工程中心合作推出“航天—百度·文心大模型”，在 2021 年，百度还与嫦娥奔月航天科技（北京）有限责任公司签署了合作协议，在月球探测、行星探测等深空探测领域开展技术合作。双方合作的背后，离不开产业级知识增强大模型——文心大模型的支持。

文心大模型凭借知识增强的核心特色，能够从大规模知识和海量无结构数据中融合学习，拥有更高的学习效率和更好的学习效果。除此之外，文心大模型具备通用性好、泛化性强的特点，非常适合可用数据较少的航天领域，大幅降低了航天领域应用人工智能的门槛，推动了航天产业的变革与科技创新。

大模型作为人工智能的基础设施，在航天领域的应用潜力非常大。依托百度文心大模型，航天大模型可应用到多个航天业务场景，包括故障部位信息抽取、航天工程文献情报分类等。当航天大模型实现广泛应用时，航天领域各业务智能化升级会成为趋势。

随着人工智能技术的发展，在未来，人工智能在航天领域将会有更广泛的应用，包括故障分析、任务规划、自主决策、集群智能等。而“航天—百度・文心大模型”作为先行者将在其中扮演关键角色，为航天事业的发展贡献力量。

1.5 战略规划：企业如何入局人工智能

人工智能运用算法构建了动态计算环境，已经成为经济发展的新引擎。在此背景下，企业应抓住人工智能带来的发展机遇，把握好准备、决策、成长、稳定这四个阶段，获取自身发展的强大动能。

1.5.1 准备阶段：低风险开启创业之路

创业者若想低风险开启创业之路，就需要具备敏锐的洞察力，在遵守人工智能行业发展规律的基础上找到发展的突破口，并借鉴成功企业的经验，实现成功起步。无论是哪个领域的创业者，都需要顺应时代的发展，能否找准时代风口、做好充分准备，是能否创业成功的关键。

身处人工智能时代，有四大创业前提值得创业者关注，如图 1–7 所示。

图 1–7 四大创业前提

1. 人工智能领域的高精尖人才

当前，人工智能相关产业的发展有许多关键性技术需要突破，这就意味着对高精尖人才仍然存在较高的依赖性。特别是对于处于起步阶段的人工智能创业企业来说，高水平的人工智能科学家是它们急需的核心人才。

初创企业需要重视高精尖人才在团队中发挥的作用，只有高精尖人才才能够深入探索技术发展的路径，突破技术发展的壁垒。可以说，高精尖人才是企业能否在行业中突围的关键。初创企业可以通过高薪聘请、股权激励等措施吸引并留住高精尖人才，开拓出自身的创业之路。

2. 高质量的数据资源

数据是人工智能领域发展的重要资源，高质量的数据资源是优化人工智能算法、模型等的基础。高质量主要是指数据除了要真实、有效、可靠，还要形成闭环、能够自动标注。

例如，互联网平台中的广告系统能够根据用户点击情况以及后续操作情况自动收集相关数据，为人工智能系统进一步学习与优化奠定基础。从应用运行过程中收集一手数据，再用数据训练 AI 模型，使应用的性能得到提升，这种闭环式的发展模式十分高效。

百度、谷歌等行业巨头的搜索引擎业务内部就能够形成一个较为完整的闭环系统，能够自动完成收集数据、标注数据、模型训练与反馈全流程。这使其拥有强大的人工智能发展潜力。

3. 超强计算能力

深度学习的模型训练对计算机的算力有着极高的要求。如今，一个深度学习的典型任务往往需要在一台或多台装有 4 块到 8 块高性能 GPU 芯片的计算机上运行。而涉及视频、图像等较为复杂的深度学习任务，甚至需要在上百块、上千块 GPU 芯片组成的计算集群上才能运行。因此，为了在人工智能领域获得更好的发展，初创企业需要在计算能力上做好充分准备。

4. 明确的领域界限

人工智能领域的创业技术含量较高，明确的领域界限是高效、成功创业的关键。初创企业需要明确自身瞄准的领域，并明确自身想要推出的产品需要什么技术。

例如，设计一款扫地机器人，初创企业可以引入视觉传感器技术，以规划清洁路线、提升清洁效率。若不能明确领域界限，一味地追求在产品中引入先进技术，而不考虑技术是否适配、是否实用，产品就有可能脱离现实，难以投入使用。

总之，想要在人工智能领域成功创业，创业者需要在各个方面都做好充足的准备，最大限度地降低创业风险。

1.5.2 决策阶段：选好核心发展要素

初创企业做好充分准备之后，便进入创业的决策阶段。在这个阶段，企业需要选定自身发展的核心要素，并且一定要坚定自身发展道路，不可中途易辙，否则很难取得成功。

1. 关键性应用 vs 非关键性应用

在人工智能创新方面，有关键性应用与非关键性应用之分。关键性应用指的是对技术要求非常高、容错率极低的产品。例如，在自动驾驶领域，安全性达到 99% 的自动驾驶汽车是不能上路的，必须追求小数点后无限个 9，使得发生事故的概率无限趋近于 0，这样才能放心地将其投入实践。

与此同理的还有医疗领域，手术机器人的可靠度为 98.9%，就意味着 1000 次手术将会出现 1 次医疗事故，而医疗行业必须将可能出现事故的概率降低到无限接近于 0。

因此，关键性应用就是那些在实际应用场景中几乎没有容错率的人工智能产品。通常来说，关键性应用的研发都需要有科技水平极高的行业专家坐镇，且研发周期较长，前期资金投入较大。

与之相对，非关键性应用指的是在实际应用中容错率相对较高、简单实用且性价比更高的产品。例如，现在许多门禁系统有人脸识别这一功能，通常也配有指纹识别功能，因为人脸识别并不是每一次都能及时响应。人脸识别就是一种非关键性应用。

对于一些规模较小的初创企业来说，入局非关键性应用显然是更为明智之举。这样的项目更好切入，与人们日常生活的联系较为密切，市场更广阔。

2. 技术提供商 vs 全栈服务商

许多人工智能创业团队都有较为深厚的技术背景，在创业初期选择成为技术提供商。那么技术提供商这条路很好走吗？答案是否定的。

通用型技术是巨头企业业务布局的重点，随着技术的发展与成熟，巨头企业极有可能面向大众免费提供人工智能的基础性功能。而且，不同企业之间的技术壁垒也会逐渐消弭，整个人工智能行业的技术准入门槛将不断降低。因此，成为技术提供商不是想要长期发展的初创企业的最佳选择。

对于初创企业来说，健康的商业模式是成为数据、技术、产品、商业四位一体的全栈服务商。这不仅有利于初创企业在创业初期避开与巨头企业正面竞争，还为初创企业后期的存续与发展提供了保障。

3. To C vs To B

To C与To B的区别是：To C面向个人消费者，To B面向企业。当前，人工智能领域的To C市场还未发展成熟。

由于To C领域的很多企业尚未形成完善的产业链，因此产品的生产成本以及新产品的研发成本居高不下。这导致To C市场上的人工智能产品种类有限，大部分是扫地机器人、无人机、智能助手等同质化程度较高的产品。

在To B领域，企业客户往往以降本增效为主要目标引入人工智能技术，它们的资金支付能力强，对高成本、高售价的智能机器人的接受程度更高。企业客户应用人工智能的场景更为丰富，人工智能产品在To C端可能是锦上添花，但在To B端便是雪中送炭。

但这不意味着初创企业要将全部资金投入To B端产品研发，To C与To B各有利弊。虽然个人消费者支付能力较弱，但是市场更为广阔，产品研发前期投入成本较低。而To B端的企业客户虽然支付能力更强，但是产品更新换代速度慢，客户资源也较难积累。

初创企业要结合自身具体情况，根据对自身优势与劣势的分析选择适合自身的发展赛道，不断积累发展经验，提升自身的综合实力。

1.5.3 成长阶段：抓住人工智能红利

随着人工智能技术给社会生活以及商业带来的变革不断加深，所有行业都将发生颠覆，不能顺应时代发展趋势的企业必将被淘汰。那么，在发展浪潮中，企业应如何抓住人工智能红利、成功转型呢?

首先，要重视数据资产。在人工智能时代，数据已经成为企业的核心资产。谷歌、脸书等巨头企业的市场价值高达数千亿美元，这不仅是因为它们具有市场垄断地位与独具特色的商业模式，还因为它们拥有的亿万名用户及其产生的海量数据蕴藏着巨大价值。

以谷歌为例，它能够通过提供邮件、搜索等应用范围广阔的网络服务，迅速扩大用户群体，获取大量的用户数据。加上谷歌浏览器自动抓取的网页数据，谷歌积累了大量数据资产。

利用这些数据，谷歌涉足了媒体、终端、IT 解决方案、基础电信等业务，而广告营销业务能够为谷歌提供源源不断的现金流。这表明数据资产能给企业带来巨大经济效益。

其次，需要有核心战略的支撑。人工智能领域的竞争最终会落脚到数据的竞争，企业拥有丰富的数据资源后，还需要有一个高质量的数据战略。数据战略的关键就在于数据治理。

数据治理总共有四个层次：一是重视数据治理并将其提升到业务战略的高度；二是建立符合企业自身情况的数据战略与数据安全原则；三是构建具体的数据治理框架与治理方法；四是从技术角度与组织管理方面保障数据治理的落实。

业务需求与外部市场环境不断变化，企业要积极调整数据战略的具体实施方案，保障自身数据安全。

对于企业来说，人工智能行业的“大踏步”发展，既是机遇，也是挑战。企业要及时抓住人工智能的红利，赶上这趟技术进步带动经济发展的“高速列车”。

1.5.4 稳定阶段：人工智能落地“四步走”

经过准备、决策、成长阶段的发展，企业最终的目标是推动人工智能产品落地，将技术与产品转化为利润。人工智能落地的四个步骤分别是：明确行动路线图、小范围内验证商业模式、进行规模化部署以及复盘与升级。坚持“四步走”战略，能够使初创企业的人工智能产业发展得更加顺利。

1. 第一步：明确行动路线图

每个初创企业在发展人工智能业务时，都应该设立具有独特性、差异化的发展目标。这样，在人工智能技术落地过程中，企业才能够明晰自身技术水平能够带来的效益，同时能够明晰人工智能能够实现什么、不能实现什么，始终明确自身的发展路线。

一般来说，初创企业的行动路线图分为三种，即短期路线、中期路线、长期路线。不同的路线图侧重的业务重点各不相同，能够为企业有条不紊地推进产品开发与后期销售提供保障。

2. 第二步：在小范围内验证商业模式

每个企业都有自身的独特性，成功企业的创业经验值得初创企业参考，但绝对不能照搬照抄。没有哪个企业能够通过完全复制他人的成功经验而获得长久的成功。

人工智能领域竞争的关键在于，企业能否通过特有的数据与算法，以更高效率解决特定场景中的特殊问题。对于企业来说，能否找到与自身特有数据与算法相匹配的场景与问题，以及能否根据不同的应用场景与问题挖掘更多数据、改进自身的算法，是其产品能否成功商业化落地的重要影响因素。

这就需要企业坚持尝试，在小范围内反复验证，通过探索不断提高自身技术水平，寻找最适配自身发展情况的商业模式。

3. 第三步：进行规模化部署

在小范围内反复验证后，企业的人工智能产品就进入大规模落地环节，即将产品大规模推向市场的环节。在这一环节，企业要做好规模化部署工作，提前进行充分的市场调研，在技术、客户、平台、数据等方面打好基础，为产品的落地做好充分准备。

在规模化部署阶段，产品与市场产生连接，智能技术实现大范围的落地应用，市场中的影响因素更加复杂多样，给企业的产品与技术带来更大的考验。因此，企业要始终保持高度敏感与敏捷，提升自己的市场应变能力，紧跟技术发展潮流，掌握最新智能技术，以便根据市场的变化及时对自身产品与销售模式等做出调整。

4. 第四步：复盘与升级

人工智能落地的第四步，便是复盘与升级。即使落地前产品与技术往往经过反复验证，但现实的应用场景复杂多样，产品落地后，在实际应用中难以避免出现一些问题。而解决这些问题的经验，会成为企业宝贵的财富。

在发展过程中，企业应安排特定的部门或工作人员，时刻监督市场反馈情况，收集相关数据与信息，并及时与技术研发、产品设计等部门进行对接，使其能够根据消费者的真实反馈改进产品与技术，不断进步。

在复盘的同时大规模推广人工智能产品，可以满足、发现更多消费者需求，从而进一步升级产品与服务，优化消费者体验。

1.6 解密 ChatGPT

在开放试用后的短时间内，ChatGPT 就吸引了海量互联网用户。在各种社交网站上，与 ChatGPT 进行趣味性对话的相关内容分享层出不穷。可以说，ChatGPT 已经成为一款现象级应用。本节将从多角度入手详解 ChatGPT 的相关内容。

1.6.1 ChatGPT 的技术架构

ChatGPT 是以 GPT-3.5 为基础架构的对话式 AI 模型，开发团队 OpenAI 采用 RLHF（Reinforcement Learning from Human Feedback，人类反馈强化学习）技术对 ChatGPT 进行训练，并在模型中加入人工监督技术，以在应用过程中对 ChatGPT 进行微调，提高其准确性与精确度。在人工监督与训练的过程中，人类训练者将同时扮演人工智能助手与使用者的角色，通过应用近端策略优化算法，不断对 ChatGPT 进行微调。

在交互过程中，ChatGPT 能够自动记录使用者输入的对话信息，实现对上下文内容的理解。基于此，ChatGPT 能够实现连续的多轮对话，还能够回答部分假设性问题，使用户体验感得到极大提升。ChatGPT 以海量的、各种各样主题的数据为支撑，能够处理更多更小众主题的任务。同时，ChatGPT 的强大性能使其能够进一步处理生成计算机代码、语言翻译、文本摘要、文章撰写等各种任务。

从本质来看，ChatGPT 基于 GPT-3.5 这一大语言模型而产生，能够根据输入的语料或语句的概率生成字、词作为回答。从机器学习或数学领域来看，这种语言模型是通过对词语序列进行概率相关性分布建模，将已有语句作为输入的条件，来预测后续语句或语句集合出现概率的分布情况。

从演进情况来看，在 ChatGPT 之前，OpenAI 已经推出 GPT 系列生成式预训练自然语言处理模型，包括 GPT-1、GPT-2 与 GPT-3。GPT-1 的 Transformer 层数为 12 层，而 GPT-3 的 Transformer 层数则增加到 96 层。

从模型训练来看，ChatGPT 的训练过程大致可以分为三个阶段，如图 1-8 所示。

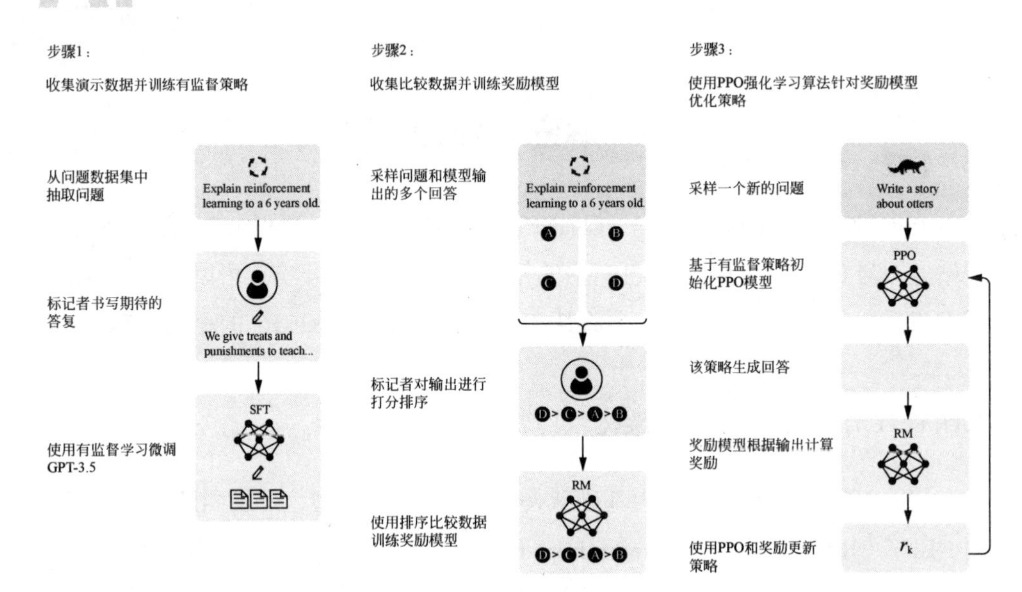

图 1–8　ChatGPT 的三个训练阶段

1. 训练监督策略模型

最初的 GPT–3.5 很难准确理解不同类型的指令的不同意图，也较难保证生成内容的质量。为了使 GPT–3.5 能够初步理解指令的意图，开发人员从海量数据库中随机抽取部分问题，再由人类训练者为这些问题提供高质量答案，通过这些经由人工处理的数据，对 GPT–3.5 模型进行微调。

微调后的模型，被称为 SFT（Supervised Fine–Tuning，有监督微调）模型。与 GPT–3 相较，SFT 模型在与使用者对话以及遵循指令等方面，具有较为明显的优势。

2. 训练奖励模型

这一训练过程类似于老师或教练提供辅导的过程，主要通过人工对训练数据进行标注，实现对奖励模型的训练。首先，人类训练者会在数据库中随机抽取部分问题；其次，应用第一阶段生成的 SFT 模型，对每个问题都生成多个回答；最后，人类训练者通过综合考虑，为这些答案排列出先后顺序，并使用该排序结果来训练奖励模型，即 RM（Reward Model）模型。

3. 采用近端策略优化来进行强化学习

近端策略优化（Proximal Policy Optimization，PPO）的核心在于使在线学习向离线学习转化。

这一阶段，主要是应用第二阶段中训练好的奖励模型，通过对奖励进行打分与排序，不断更新预训练模型的参数。训练方式为：随机抽取数据库中的问题，并使用 PPO 模型进行回答，针对这些回答，再使用上一阶段中训练好的 RM 模型进行打分，给出质量分数。将质量分数依照次序进行传递，由此能够产生策略梯度，经由强化学习，PPO 模型的参数能够不断更新。

将第二阶段和第三阶段不断重复迭代，便能训练出质量更高的 ChatGPT 模型。

1.6.2 ChatGPT 的未来发展方向

随着大模型、深度学习等技术的发展，ChatGPT 将不断迭代，展示出广阔的发展前景。未来，ChatGPT 的发展方向主要有以下几个，如图 1–9 所示。

图 1–9 ChatGPT 的发展方向

1. 模型算法优化

当前，ChatGPT 的底层模型已由 GPT–3.5 升级为 GPT–4，功能和性能也实现了提升。未来，ChatGPT 会通过不断优化模型算法来提升生成能力和生成内容的准确性。

在模型算法优化方面，很多方法都可以提升模型性能，如改进模型结构、引入 Attention（注意力）机制等。此外，人工智能、深度学习等技术的发展也可以进一步推动 ChatGPT 的发展；增加模型的宽度和深度、使用更高质量的数据集进行模型训练等也可以提升 ChatGPT 的性能。

2. 交互体验优化

未来，ChatGPT 的交互性能会有所提升，能够提升用户的人机交互体验。

ChatGPT 的情感识别能力将不断增强，更好地理解用户的情感。例如，当用户表现出失望、紧张等情绪时，ChatGPT 会给出适当的安慰并提供合理建议。这不仅提高了 ChatGPT 的对话质量，还使 ChatGPT 可以被应用到更多场景中，如心理辅导、健康管理等。

未来的 ChatGPT 还可能会对用户进行个性化分析，挖掘用户的行为习惯等，提供更加个性化的服务。这样的 ChatGPT 不只是一个对话机器人，还是一个贴心的智能助手。

3. 融合更多知识

未来，ChatGPT 将在发展中融合更多知识，提升服务能力。ChatCPT 将融合更多特定领域的知识和更加多元的数据，将自然语言处理技术与更多知识相结合，提供更加完善的搜索及内容生成服务。

例如，在医疗领域，ChatGPT 将融合多样的医疗相关知识，为医生提供临床咨询、医学诊断等帮助；在金融领域，ChatGPT 可以融合金融行业知识、交易数据等资源，为用户提供金融服务，防范金融风险。

4. 多模态方向发展

多模态也是 ChatGPT 未来发展的方向之一，能够帮助 ChatGPT 实现更加智能的对话。例如，在与用户对话的过程中，ChatGPT 能够显示更加丰富的图像、视频等内容，提升沟通的效果。

同时，ChatGPT 也有望实现多模态内容的输入，实现多样的多模态功能。例如，在视觉交互方面，ChatGPT 可以识别图像、视频等，并生成相关回答；在语音交互方面，ChatGPT 支持用户通过自然语言与其交互。这些多模态功能将大幅拓展 ChatGPT 的应用场景，助推 ChatGPT 在智能酒店、车载语音助手等场景中实现应用。

总之，ChatGPT 未来的发展是多方面的。其能够融合更多数据，进行更加深入的学习和深度的模型训练，以升级功能和性能，为用户提供更贴心的服务。随着 ChatGPT 的不断发展，人工智能技术的想象空间进一步扩大。

1.6.3 ChatGPT 助力 AIGC 发展

提到 ChatGPT，就不得不提 AIGC（Artificial Intelligence Generated Content，

人工智能自动生成内容）。AIGC 是当今时代内容生产方式的重要变革。与 Web 1.0 时代的 UGC（User Generated Content，用户生产内容）和 Web 2.0 时代的 PGC（Professional Generated Content，专业生产内容）相比，AIGC 代表着人工智能技术为内容生成领域带来的突破。

随着人工智能领域越来越多的前沿技术相继落地，在 Web 3.0 时代，AIGC 内容迎来指数级增长，大规模预训练模型已经成为市场中一个确定的发展趋势。

ChatGPT 模型是极具代表性的 AIGC 大模型，它的出现对语音或文字模态的 AIGC 应用落地有着极为重要的意义，将会对人工智能领域各种相关产业产生重大影响，助力 AIGC 进一步发展。

从上游增加的需求来看，包括自然语言处理、数据标注、算力芯片等；从下游受益的应用来看，包括芯片设计、机器翻译、人工智能客服、语音工作助手、对话式搜索引擎、文本生成、无代码编程等。

ChatGPT 是 OpenAI 在大模型领域的一项重要成果。ChatGPT 的诞生，一方面得益于 AIGC 技术的积累已经到达临界点；另一方面得益于数字经济时代海量数据需求的推动。从 ChatGPT 出现这一事件，我们可以看到新的人工智能技术展现出"模块化"的趋势：过去需要单独开发的部分变成开放、可复用、可调用的组件。这是之前谷歌 AlphaGo 背后的技术达不到的，其泛化能力仅仅局限在围棋游戏上，而基于大模型的有力支撑，ChatGPT 可以为不同场景和垂直应用赋能。

从 GPT-3 到 ChatGPT，再到 GPT-4，我们可以看到 OpenAI 将大模型作为通用人工智能发展的必由之路。相当于通过从海量数据中学习各种知识，打造一个与具体任务无关的超大语言模型，再根据不同的应用场景和需求，生成不同的模型解决各种各样的实际问题。这也解释了为何 ChatGPT 有着接近于真人的理解能力。

大模型为对话机器人提供了较好的鲁棒性，即建立起真实用户调用和模型迭代之间的飞轮，实现对真实世界数据的调用和数据对模型的迭代，同时帮助更多创业公司找到商业模式和生存空间，从而建立生态。

总的来看，ChatGPT 基本实现了大语言模型的接口层，让用户可以用更加熟悉的方式进行表达并获得回复，这提升了大语言模型的易用性和用户体验。未来竞争的焦点将聚焦在 ChatGPT 能够解决客户与行业真实的需求和痛点，让以 ChatGPT 为代表的 AIGC 工具成为类似于电力、能源的经济社会生产原材料。当然，在这个过程中，业界还需要在成本、场景等方面进行持续探索。

ChatGPT 的火爆，使广大普通用户开始了解人工智能、思考人工智能，也掀起了一轮关于 AIGC 取代人类劳动的讨论热潮。事实上，作为 AI 杀手级应用，ChatGPT 确实能够代替一部分低端人类劳动，这将在全世界范围内掀起全新的产业变革。

然而，AIGC 生成的内容是大量数据训练的成果，例如，AIGC 需要学习、模仿数据库中现存的大量画作才能生成画作。这就表明，AIGC 始终是基于人类创作的成果进行内容生成。不过，这也给予我们一定警示：低端的、重复性的人类劳动终有一日会被技术所取代，唯有不断开拓思维、创新发展，才能避免被取代。

1.7 AIGC：人工智能未来新赛道

作为人工智能应用的新模式，AIGC 将重燃人工智能赛道，为人工智能领域的企业指引新的发展方向。同时，在发展过程中，AIGC 将展现巨大的商业价值，引发各行业的变革。

1.7.1 AIGC 的商业价值与潜在价值

当前，AIGC 已经展示出巨大的商业价值和潜在价值。根据咨询巨头麦肯锡于 2023 年 6 月发布的报告——《生成式人工智能的经济潜力：下一波生产力浪潮》，AIGC 每年可能为全球经济贡献“一个英国的 GDP”。

麦肯锡指出，如果将分析的 63 种 AIGC 应用在各行各业落地，将为全球经济每年带来 2.6 万亿～4.4 万亿美元的增长（英国 2021 年的 GDP 总额为 3.1 万亿美元）。这一预测并没有将所有 AIGC 应用计算在内，如果将尚未研究的应用计算在内，AIGC 所产生的经济影响可能会翻倍。

根据麦肯锡的报告，AIGC 的潜在价值主要表现在四个方面：客户运营、营销和销售、软件工程、产品研发。下文将具体阐述 AIGC 的潜在价值。

1. 客户运营：提升客服生产力

通过自助服务改善客户体验并提升客服生产力，AIGC 有望改变客户运营业务。在客户服务场景中，AIGC 可以提高问题解决效率，减少处理问题所花费的时间，降低客服座席流失率。同时，AIGC 可以为客服人员提供辅助，提高客服人员的生产力和服务质量。

AIGC 在客户运营场景中的价值包括提供客户自助服务、提供解决方案、减少响应时间等。

2. 营销和销售：提高营销内容生成和销售效率

AIGC 能够在营销和销售场景中得到很好的应用。AIGC 可以根据客户的偏好和行为生成个性化内容，并完成制作品牌广告、标题、社交媒体营销内容等任务。此外，AIGC 可以集成到不同的应用中，提供更多创意，为营销活动带来新玩法。AIGC 在营销领域的应用价值体现在高效的内容创建、优化搜索引擎等方面。

3. 软件工程：助力开发人员快速开发

在软件工程方面，AIGC 可以提升开发人员的开发效率，大幅减少开发成本。AIGC 能够在代码生成、代码修正、错误原因分析、生成设计方案等方面为开发人员提供助力。麦肯锡的一项研究表明，使用 AIGC 的开发人员在生成和重构代码方面所花费的时间大幅减少，而且开发人员的工作体验得到改善。AIGC 让软件工程工作更加便捷，开发人员更容易获得成就感。

4. 产品研发：提升研发和设计效率

在产品研发方面，AIGC 可以提升产品研发的生产力。以生命科学产品研发为例，AIGC 能够提升新药物研发的效率，缩短产品研发时间。这能够极大地提升制药公司的利润，优化产品设计，提升产品质量。

1.7.2　AIGC 对不同行业的影响

AIGC 将对各行各业产生深刻影响。其中，一些受科技发展影响较大的行业将迎来变革。

1. 新零售行业

在新零售行业，AIGC 将为新零售赋能，引领零售行业的创新变革，主要体现在以下两个方面。

一方面，AIGC 将助力新零售智能营销。在新零售场景中，消费者需求多变，个性化营销是新零售企业提升竞争力的关键。AIGC 营销应用能够借助深度学习和大数据分析，洞察消费者的消费行为和消费偏好，为新零售企业提供精准的营销策略。

例如，拓世科技集团推出的生成式 AI 产品拓世 GPT 可以为新零售企业的智能营销助力。借助拓世 GPT，新零售企业可以分析社交媒体中的时尚趋势，生成符合当前潮流的营销文案，为新品制定个性化的营销方案。此外，拓世 GPT 还可以成为新零售企业的智能客服，对消费者提出的问题给出专业、流畅的回答；关注消费者的情感体验，使人机互动更加自然。

另一方面，AIGC 可以优化消费者的购物体验。AIGC 与虚拟数字人直播技术的结合，将为消费者带来新的购物体验。新零售企业可以借助 AIGC 技术推出逼真的虚拟主播，在直播间，消费者可以与虚拟主播实时互动，咨询商品规格、购买优惠等。同时，虚拟主播可以根据消费者的消费偏好、购买历史等信息，向其推荐个性化商品，提高商品转化率和消费者满意度。

2. 金融行业

在金融行业，AIGC 将助推金融行业的变革，为金融行业带来诸多便利，主要体现在以下几个方面。

（1）提高效率。AIGC 可以实现金融数据的自动化输入与处理，自动生成分析报告，还可以帮助金融机构实现贷款审批、保险理赔等流程的自动化。这些都可以提高金融机构业务处理的效率。

（2）降低成本。一方面，通过实现更多业务流程自动化，AIGC 可以帮助金融机构降低人力、数据管理等成本；另一方面，AIGC 可以优化金融机构的风险管理，降低金融机构的损失、违约成本等。例如，AIGC 借助智能算法和数据分析，可以帮助金融机构准确评估借款人的信用风险、债务偿还能力等，降低不良贷款带来的损失；AIGC 可以帮助金融机构识别合规风险，使金融机构更好地遵守法律法规。

（3）改善客户体验。AIGC 可以帮助金融机构准确了解客户需求，进而推出精准的营销策略和符合客户需求的金融产品。同时，AIGC还可以基于海量的金融数据，分析市场走势和未来风险，指导客户更科学地进行投资和风险管理。

（4）智能识别风险行为。通过分析海量交易数据，AIGC可以识别出异常交易行为，及时发现并阻止欺诈行为。例如，AIGC可以通过分析金融机构交易数据，识别出异常的信用卡交易行为，并向金融机构发出警报。同时，AIGC还可以对客户身份进行智能验证，防止客户使用虚假身份。这些都能够帮助金融机构识别风险行为，保护客户的财产安全。

3. 医疗行业

在医疗行业，AIGC能够从以下两个方面影响医疗行业的发展。

第一，助推AI医疗器械的发展。在AIGC的助力下，AI医疗影像设备、AI医疗机器人等医疗智能设备将实现进一步发展。AI医疗影像设备可以在疾病筛查、辅助诊断等方面提供智能诊断结论，而AI医疗机器人可以应用于外科手术、康复治疗、医疗服务等诸多场景。

第二，降低药物研发成本，提升药物研发效率。当前，在医疗行业，制药公司往往将约20%的收入用于研发药物，研发成本较高。并且，一款新药的研发往往需要十余年，周期较长。AIGC能够大幅提高药物研发效率。例如，AIGC可以提高药物筛选的自动化程度、加强适应证的识别等，从而加速药物研发进程。

1.7.3 AIGC引发生产力变革

AIGC的发展将引发生产力变革，主要表现在以下几个方面。

1. AIGC的发展将推动更多工作实现自动化

未来，AIGC有望改变工作结构，让更多工作实现自动化，以增强人们的工作能力。工作自动化得益于AIGC具有理解自然语言的能力。例如，当前的教师除了授课，还需要备课、准备测试内容、批改作业等。而AIGC可以融入教学的诸多环节，为教师提供备课、生成测试内容、智能批改作业等帮助。这能够减轻教师的工作压力，让教学更加智慧。

2. AIGC对高学历的知识工作者影响较大

基于强大的自然语言处理能力，AIGC能够生成多种知识性内容。这使得其对体力工作者的影响较小，而对高学历的知识工作者的影响较大。在决策、协作、产出专业知识和活动方案方面，AIGC 将发挥重要作用。因此，各种涉及决策、记录、问答生成、方案生成、人机互动等方面的工作都可以借助 AIGC 实现自动化。这将改变知识工作者的工作方式，一些简单的内容生成型工作将被 AIGC 取代。

3. AIGC 可以提升劳动生产率

AIGC 与其他技术结合，能够提升劳动生产率。同时，企业需要对员工进行新技能培训，甚至需要改变业务模式，增设新的岗位。未来，企业加速转型、加强对 AIGC 的应用将成为趋势。这将使 AIGC 对经济增长做出更多贡献，加速企业、行业，乃至整个社会的运转。

4. AIGC 提升数字化内容生产质量和效率，优化人机交互体验

多模态大模型的快速发展为 AIGC 技术能力的升级提供了强力支撑和应用的全新可能性，如图 1–10 所示。

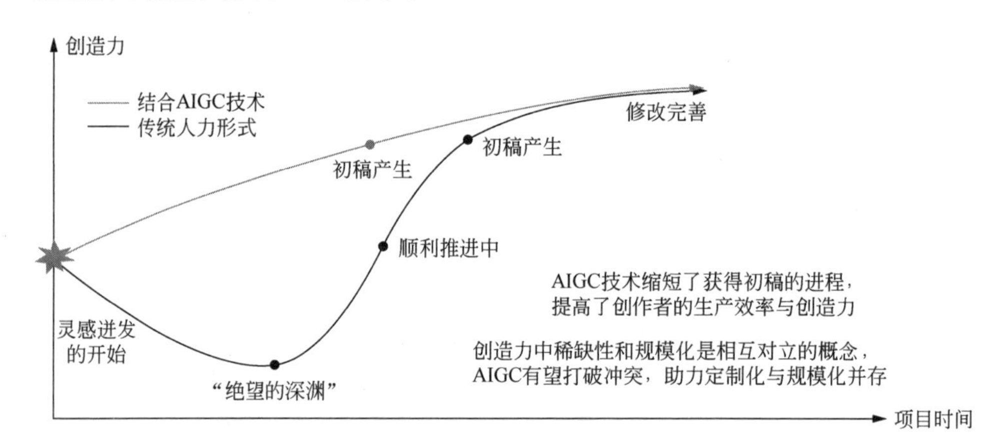

图 1–10　AIGC 技术提升创作者生产效率与质量

2022 年，一幅由 Midjourney 生成的 AI 画作《太空歌剧院》横空出世，随后 AI 生成图片在社交平台疯狂传播。AIGC 使用机器学习算法，从数据中学习要素，实现智能生成内容，包括基于素材的部分生成和基于指令的完全自主生成和生成优化。

得益于真实数据积累和计算成本下降，AIGC 可生成数字化内容初稿，产品包括 AI 绘画、平面设计、对话系统、搜索引擎、代码生成等，提高了数字化内容的丰富度、生产效率与创造性；类人的交互体验和全民参与度提升了 C 端消费侧对 AIGC 的感知，进一步拓宽了市场对 AIGC 商业价值的想象空间。

第 2 章

发展蓝图:

引领人工智能前进方向

探索人工智能的发展之路要立足当下，这样才能更好地引领未来。不管是有关部门还是企业，都要正视人工智能产业当前发展情况，认识到其中存在的缺陷与不足，以及背后潜藏的问题。只有这样，才能够厘清发展思路，明确人工智能产业前进方向，实现绿色、健康、可持续的高速发展。

2.1 人工智能的现代化发展思路

在技术、政策的支持下，人工智能始终保持高速发展态势。未来，企业要继续推动人工智能的现代化发展。首先，企业要立足全局战略，兼顾统筹谋划与协同创新；其次，要专注研究核心技术，抢占发展制高点；再次，要绘制人工智能产业图谱，使人工智能成为各行各业发展的重要引擎；最后，要推动泛在智能大范围落地，推动整个社会实现智能化转型升级。

2.1.1 兼顾统筹谋划与协同创新

任何技术的发展都离不开对其发展路径的统筹规划，人工智能也不例外。人工智能的发展，需要相关部门站在整体布局的战略高度，从我国人工智能产业发展的全局出发，明确人工智能的发展方向、发展目标以及发展的重点任务。

相关部门还需要建立人工智能产业生态体系，促进各行业、各企业之间人工智能供应链、价值链、产业链、要素链、创新链的融合发展。

企业作为发展人工智能的主体，首先，要积极配合有关部门对人工智能发展战略的总体布局，顺应时代发展潮流，积极寻求联合而非孤立，不搞技术垄断。

其次，要对企业内部如何推动人工智能的发展以及实践应用进行统筹谋划，制定符合自身情况的发展规划，不跟风、不盲目，也不中途易辙。

最后，要坚持推动人工智能技术落地，不空谈技术，而是切实地将技术应用到生产中，用技术提高自身生产效率，从而促进社会整体生产效率的提高。

注重统筹谋划的同时，企业也要注重提升协同创新能力。

行业内的各大领军企业要面向国家发展中的重大需求以及关乎社会民生的

关键问题，进一步拓展人工智能技术的应用场景，以人工智能技术的发展带动整个社会的发展。各企业也要不断提升技术研发水平，从而提高我国的人工智能产业在国际市场上的竞争力。

小微企业也要大力创新，通过专精专研人工智能某一特定领域，深入挖掘垂直领域的市场需求，激发市场发展活力。

人工智能的发展需要兼顾统筹谋划与协同创新，二者缺一不可。不管是大型企业、行业巨头，还是刚进入人工智能领域的小微企业，都要有作为发展主体的责任意识以及主人翁意识，在努力推动自身发展的同时也要兼顾人工智能行业的发展。

2.1.2 专注研究核心技术，抢占发展制高点

在我国，BAT（百度、阿里巴巴、腾讯）巨头自然不会错过人工智能带来的发展机遇，纷纷布局人工智能，专注研发核心技术，迅速抢占发展的制高点。

百度 CEO 曾这样定义百度：“今天的百度已经不再是一家互联网企业，而是一家人工智能企业。”在百度，一切以 AI 为先，一切以 AI 思维来指导创新，AI 是百度的核心能力。

我们已进入人工智能时代。人工智能的核心技术是通过数据来观察世界，通过数据来抽取知识，而这些技术对每一个传统行业都有很大程度的提升。

在 AI 领域，百度的核心是打造百度大脑。另外，百度会以 AI 核心技术推出新的业务。例如，以 ABC（ABC 分别代表人工智能、大数据和云计算）技术为支撑的百度云业务。同时，百度还推出智能金融服务业务、无人驾驶业务以及智能语音业务等。

阿里巴巴也在向人工智能领域进军，目前取得了不错的成绩。

哈佛商学院的 AI 专家威廉·科比（William Kirby）谈到阿里巴巴的人工智能发展状况时表示：“在商业环境中，阿里巴巴是一个使用人工智能的重要创新者。在我看来，阿里巴巴在改变中国业务方式方面已经做了很多；他们在每个领域都雄心勃勃。”

阿里巴巴的目标是成为 AI 行业的领导者，希望提升云存储以及云计算

的服务能力，为用户带来更多的便捷，从而提升自身的价值，获得更长远的发展。

为达到这样的目标，阿里云支持前沿科技企业的深度学习框架，如谷歌的TensorFlow和亚马逊的MXNet深度学习框架。另外，阿里巴巴还重金打造达摩院，达摩院旗下有诸多新兴技术研究团队，人工智能技术是重中之重。

在AI领域，怎么会缺少腾讯的身影呢？

腾讯也积极进行AI战略布局，借助亿万用户的海量数据以及自身在互联网垂直领域的技术优势，广泛招揽全球范围内的顶尖AI科学家，在AI机器学习、AI视觉、智能语音识别等领域进行深度研究。

目前，腾讯在AI领域已经孵化出机器翻译、智能语音聊天、智能图像处理以及无人驾驶等众多项目。在智能医疗领域，“腾讯觅影”能够凭借深度学习技术辅助医生诊断各类疾病，取得了不错的成绩。

2.1.3 人工智能产业图谱

人工智能产业规模涵盖AI应用软件、硬件及服务，主要包括AI芯片、智能机器人（商用）、AI基础数据服务、面向AI的数据治理、计算机视觉、智能语音与人机交互、机器学习、知识图谱和自然语言处理等核心产业。

纵观近五年来AI技术商业落地的发展脉络，产品及服务提供商围绕技术深耕、场景创新、商业价值创造、精细化服务不断努力；需求侧企业也从单点实验、数据积累到战略改革的发展路线上与AI技术逐渐深度绑定。AI成为企业数字化、智能化改革的重要抓手，也是各行业领军企业打造营收“护城河”的重要方向。落地AI应用对于企业业务运营的商业价值与战略意义越来越明确。

视觉Transformer（ViT）的研究工作在2022年出现爆炸性增长，其优势在于能够在小尺度和大尺度上考虑图像中所有像素之间的关系，但同时需要额外的训练来学习随机初始化后融入CNN架构的方法。2022年，ViT的应用范围扩大，可以生成逼真的连续视频帧，利用2D图像序列生成3D场景并在点云中检测目标，助推基于扩散模型的文本到图像生成的发展。

放眼未来，AI视觉技术在适应三维世界、突破依赖标注数据输入的局限、降低算力能耗、多模态信息融合分析、与知识和常识结合解决高层次问题、主动感知与适应复杂变化等方面仍有待突破。此外，技术同质化并不意味着算法同质化，AI 视觉算法厂商的工程能力仍是技术工业落地的“试金石”，如图 2-1 所示。

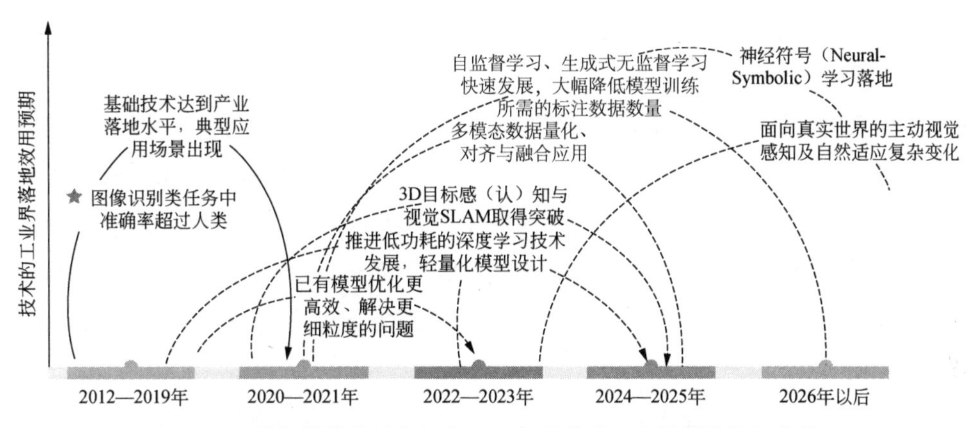

图 2-1　值得期待的技术拐点：AI 视觉技术工业界落地效用曲线

2.1.4　泛在智能大行其道

如今，人工智能领域的发展重心由早期的专注学术探索转向推动应用落地，人工智能逐渐成为各企业数字化、智能化转型升级的主要动力。

泛在智能是在人工智能发展到当前阶段的基础上提出的新概念，指的是智能技术的广泛性、多样化应用，是一种基于人工智能技术的万物智联，是人工智能实现网络化、规模化升级的新的发展阶段。

泛在智能主要包含两层含义：一是智能内涵的拓展；二是智能场景的拓展。

智能内涵的拓展指的是泛在智能包含三大类别的智能，分别是以互联网为代表的数字式智能、以物联网为代表的感知式智能以及以深度学习为代表的算法式智能。前两类智能是算法式智能的基础，所有产业都必须实现数字式与感知式智能升级，才能进一步实现算法式智能。

智能场景的拓展指的是技术的应用从一个场景拓展到多个场景的联合，任何人或者任何行业，都能够在任何时间、地点使用智能化技术，打造智能化场景。

要实现泛在智能，大数据、互联网、云计算、物联网、人工智能这些智能化技术缺一不可，而人工智能技术是其中的关键性核心技术。

目前，许多巨头企业都在进行泛在智能的布局，打造逐渐丰富的智能产业生态，聚焦产业价值，争取获得先发优势。

例如，腾讯旗下的腾讯优图是一个人工智能实验室。近年来，该实验室推出了人工智能泛娱乐平台、内容审核平台、广电传媒人工智能平台、工业人工智能平台四大平台产品，通过平台化布局为泛在智能的发展提供技术支撑，促进人工智能生态的繁荣发展。

腾讯优图拥有深厚的技术积累以及丰富的场景应用经验，自主研发出高精度通用型 OCR（Optical Character Recognition，只学字符识别）引擎。腾讯优图推出的这一应用，包含多尺度、多场景任意形状的文本检测算法，以及融合了语义理解进行文字识别的算法。基于此，腾讯优图不断提升自身的 OCR 能力，进一步研发出包含票据类、证照类、教育试题类等面向超过 50 种垂直场景的 OCR 应用。

归根结底，泛在智能能够为当前社会发展带来积极影响。未来，人工智能将会以更加高效、新颖的方式实现可持续发展。

2.2 人工智能与安全治理

虽然人工智能能够为社会的发展以及我们的生活带来许多便利，但是其背后潜藏着风险。人工智能相关技术仍处于发展、完善的阶段，行业中仍然存在许多问题亟待解决，如无人驾驶领域安全保障能力不足、数据隐私存在泄露风险等。如何通过技术开发规避潜在风险、建立可信任的人工智能体系，是实现人工智能安全治理的关键。

2.2.1 人工智能的潜在风险与防范措施

人工智能还处于发展中，在当前还不完善。在人工智能的实际应用场景中，如果技术方面出现了问题，那么整个系统就会出现异常，对用户的人身、隐私安全造成威胁。

以无人驾驶为例，无人驾驶是人工智能的重要应用领域之一，但是从目前的发展状况看，无人驾驶在短时期内还无法解决安全问题。曾经有某品牌的轿车在京港澳高速上行驶时，因开启了自动驾驶模式，撞上前方的道路清扫车，造成追尾事故，而车主在该事故中不幸身亡。由此可见，AI 在技术实操上仍然存在着巨大的风险问题，无法保障人们的安全。

不仅如此，在设计无人驾驶系统时，因为安全防护技术或措施不成熟，无人驾驶汽车极有可能遭到非法入侵和控制，给犯罪分子以可乘之机，做出对车主有害的事。

驾驶是一项十分复杂的系统工程，在驾驶时，驾驶员不仅要做到“眼观六路，耳听八方”，还要根据对路况的感知进行理性判断，以做出正确的驾驶行为。例如，遇到红灯时要及时刹车、向右转弯时需打右转向灯、会车时要减速慢行等。这需要感知、判断、决策、规划等一系列行为准确无误，否则就有可能出现事故。

无人驾驶技术是用人工智能代替人类驾驶汽车，其主要依靠神经网络算法、机械硬件并结合一系列智能化技术来完成驾驶行为。例如，用智能传感器、激光雷达、摄像头等代替人眼来感知驾驶环境；将路况中的每一个三维的点与云端高精度地图上的点位进行一一关联，以完成驾驶路线的规划与导航任务；基于一定规则和算法训练，人工智能能够完成驾驶中的决策任务。

根据人工智能在驾驶中参与程度的不同，国际自动机工程师学会将无人驾驶划分为从 L0 到 L5 的 6 个等级，具体如下。

（1）L0：所有驾驶任务仍由人类承担，人工智能仅起到观测道路并在出现特殊情况时提醒驾驶员的作用。

（2）L1：在人类驾驶员的监督下，人工智能能够完成简单的操作，如转向等。

（3）L2：除转向外，人工智能开始承担更多、更复杂的驾驶任务，如加速、刹车等，但此时仍然需要人类的监督，且在必要时刻，需要人类进行驾驶。

（4）L3：人工智能能够承担大多数驾驶任务，但遇到部分人工智能难以处理的任务时，人类驾驶员需接管车辆。

（5）L4：在特定的道路条件下，驾驶可以实现高度自动化，不需要人类接管车辆，如高精度地图全覆盖的城市公路等。

（6）L5：无论处于何种状况，人工智能都能够完成驾驶任务，完全无须人类参与。

当无人驾驶处于 L0 到 L3 等级时，相当于人类在车辆驾驶过程中多了一个

AI 助手，无人驾驶对交通发展起到的变革作用较为有限。而发展到 L4 等级，人工智能在驾驶过程中起到“大脑”作用，对交通的发展产生深远影响。

当前，L0 到 L3 的无人驾驶已经实现了在商用车辆中的应用。2018 年以来，部分 L4 等级的无人驾驶汽车在某些城市的指定区域内实现上路实测与实验。然而，L5 等级的无人驾驶成为现实的难度仍然较大。

实现 L5 等级的无人驾驶的难度在于，想要提升无人驾驶的准确性与智能性，就需要收集海量数据以进行训练，且这些数据的来源必须是真实且变化丰富的驾驶场景。如此，对数据的需求维度之广、量级之大、类别之多，导致其难以实现。

作为人工智能领域的关键性应用，目前无人驾驶相关技术还不够成熟。相关企业应该加大研发力度，深入开发与探索能够提高产品安全度的功能性应用，将事故发生的概率降低到无限趋近于 0，才能使用户的安全得到保障。

在金融领域，人工智能能够起到风险防范的作用。目前，人工智能不仅能够应用于降低成本和合理规划管理两个方面，例如，让机器人替代人类完成一些烦琐的工作，在降低成本的同时提升客户体验，还可以帮助银行实施反欺诈等风险防范工作。

我国的金融机构在反欺诈方面还有很多不足，例如，遇到欺诈事件时，对于首笔欺诈交易，金融机构没有很好的解决方法，只能从第二笔开始防堵。

如果首笔欺诈交易发生后，诈骗方立即进行高频盗刷交易，金融机构无法及时阻止。针对这种局面，中国平安成立的风险控制团队研发出智能反欺诈系统。

智能反欺诈系统是根据海量金融数据建立的用户行为画像，得出数据侦测模型，并与高效的决策引擎相结合，从而实现实时反欺诈监控。若有问题将会以毫秒级的速度做出响应，有效地防堵首笔欺诈交易的发生。

中国平安的智能反欺诈系统能够对金融交易进行有效监控并做出决策，减少广大用户的经济损失，最大限度地保证用户的财产安全。

2.2.2 保护数据隐私，杜绝泄露事件

人工智能的崛起建立在大数据这一智能化技术的基础之上。随着大数据

得到广泛应用，日益开放的网络环境与分布式的网络部署使大数据的应用边界越来越模糊，随之而来的是用户数据信息的归属权问题以及用户隐私保护问题。

阿里巴巴旗下的云服务提供商阿里云曾经发起一个关于数据保护的协议公约，尝试界定用户数据信息的归属权。公约中明确了大数据是用户私有资产，云平台没有权力擅自移作他用。

以往，来自云端的海量数据的归属权属于无人监管的“灰色地带”，有着很大的隐私泄露的隐患。例如，部分公司会在数据所有权不明确的情况下，随意交易用户购物时产生的数据。虽然这些数据多以碎片化的形式呈现，对用户的困扰较小，但是来自各种场景的大量数据聚集起来，就有可能被不法分子利用，威胁用户的隐私安全。

虽然阿里云对用户数据的归属权做出界定，但是这没有在行业内形成共识。当前，随意泄露用户信息的事件屡见不鲜，用户隐私被侵犯的风险仍然很大，我们必须重视用户的数据安全。

金融机构获取用户的各种数据用于描摹用户画像，必须征得用户的同意，特别是要利用技术手段告知用户。在获得用户允许后，金融机构才能使用用户的数据。

某企业在这方面做得很出色，获取用户的消费数据后，其利用技术手段以及严谨的第三方审核手段进行数据加密和脱敏。这样既能有效描摹用户画像，又能够保证用户数据安全。

在人工智能时代，用户数据安全保护是需要重点关注的一个问题。这不仅需要相关部门出台相关法律法规，使得数据安全保护有法可依，还需要相关部门加强监管，让各市场主体有法必依，不再滥用收集到的用户数据。最重要的是，各企业、组织等要提高社会责任感，尊重并确保用户的数据所有权，合法、合规地使用用户数据，真正实现数据的“可用不可见”。

2.2.3 建立可信任的人工智能体系

随着对人工智能领域的深入探索，人们心底始终有一个顾虑——人工智能的失控。虽然从目前来看，人工智能还在人类的掌控范围内。但人工智能出现过不受控制的情况，使得人们始终对其保持谨慎的态度。

在很多科幻、惊悚电影里，人工智能常常被渲染得神秘又恐怖。例如，人工智能有自己的思想，可以制作生化武器；人工智能不受控制并想操控人类等。但现阶段，人工智能并没有人们想象中的那么“聪明”。

在发展初期，人工智能可以帮助企业进行简单的图像识别工作，或使复杂、烦琐的工作自动化。发展到现在，人工智能可以帮助人们在决策方面做出最优选择。例如，人工智能应用于围棋，在前期，开发者需要给人工智能提供大量的历史数据才能让它学会下围棋；但现在，开发者只需要向人工智能提供围棋的规则，它就能在几个小时内熟练掌握并所向披靡。

基于此，人们不禁思考，人工智能的决策力高于人脑会不会让电影中的场景成为现实。其实这个担心是多余的。人工智能“不够聪明”之处在于目前它只能遵循人类设计的规则进行相关操作。只要研发人员对其进行适当的设计，人们完全可以放心地利用其能力。

尽管人工智能目前在人类控制范围内，但它的行为有时很难理解，这也是大部分人无法对人工智能建立信任的原因。而这种情况的产生有两种原因：其一，其算法超出了人类的理解范畴；其二，人工智能制造商对他们的项目进行保密。正是因为无法理解它的工作原理，所以用户无法从根本上信任它。虽然人工智能可以执行一些指令或帮助用户做出决策，但在用户眼里它依旧只是一个“黑匣子”。而人工智能不被信任很有可能会限制它的应用。

在人工智能时代，企业要想成功运用人工智能实现数字化、智能化转型升级，就必须做到以下几点，以建立可信任的人工智能体系。

1. 打开“黑匣子”

有调查显示，未来企业将面临来自用户或合作者的监察压力。因此，企业需要打开人工智能的“黑匣子”，提升其工作流程及算法的透明度，甚至要公开研发机密。同时，企业应从用户角度出发进行产品研发，帮助用户更好地理解人工智能动作逻辑。

2. 权衡利益

企业在对人工智能做出合理解释时，其付出的代价和获得的收益是双向的。企业在对人工智能系统的每个工作环节进行记录和说明时，需要付出的代价是效率降低、成本增加；但获得的收益是人工智能系统会获得用户、投资人等利益相关者的信任，减少市场风险。

3. 建立关于人工智能解释能力的框架

人工智能的可解释性、透明度和可证明性是在一定范围内的。如果企业能建立一套评估业务、业绩、声誉等方面问题的框架，就可以在这些方面做出最优决策，提升人工智能可解释性。

综上所述，人工智能研发与应用的道路上有挑战也有机遇。希望在未来，在安全的基础上，人工智能能够给我们的日常生活带来更多便利。

2.3 关注人工智能背后的伦理问题

在人工智能火热发展的过程中，不仅有技术问题需要解决，还有许多伦理问题亟待厘清。与此前出现的许多新技术不同，人工智能通过运算模仿人类智能，甚至能够取代人类进行一些工作，这对当前已经成型的社会关系架构提出挑战。未来，人工智能与人类之间的关系如何发展，二者如何实现和谐共存，是我们需要持续关注并思考的问题。

2.3.1 未来，人机关系将如何发展

科技发展的最终目的不是展现自身的“高大上”与神秘感，而是点亮生活，为人类的发展服务。人工智能是当今社会发展的重要驱动力，如果仅局限于 AlphaGo 这个层面，那么只是弱人工智能。

人工智能发展的理想目标是智能机器人能够帮助我们完成繁重的体力劳动或程序琐碎的工作，这样我们就可以从事更具创造力的工作；智能机器人能够理解我们的真实意图，能够与我们交互、沟通；能够打破语言障碍、视觉障碍与理解障碍，切实解决我们生活中存在的问题。未来，我们能够与智能机器密切合作，做到人机和谐相处。

下面以 Cogito 公司研发的 AI 客服软件为例，讲述 AI 服务力提升所产生的巨大效果。

乔西·费斯特（Josh Feast）和麻省理工学院的人类动力学专家桑迪·彭特兰德（Sandy Pentland）共同创建了 Cogito 公司，研发了 AI 客服软件。在服务

场景中，软件会以顾问的身份提醒客服人员如何更好地与客户交流。

AI 客服软件借助机器学习技术和大数据技术，能够帮助客服人员高效地分析客户的情绪波动。AI 客服软件分析的并不是人们沟通的内容，而是沟通的音频。AI 客服软件通过智能分析客户的音频，及时提醒客服人员，让他们调节自己的语速或者语调，更好地回答客户的提问，提高客户的满意度。客户满意度的提升，会使客服人员有更高的工作热情。

AI 客服软件是人机协作、和谐相处的范例，既提升了客户的满意度，也提高了客服人员的服务效率，产生了双赢的效果。

人工智能的发展要始终坚持以人为本的理念。在生产领域，顺应机器换人的发展趋势，加强人机协作，使机器代替工人完成危险、繁重的工作。在社会生活领域，辅助型、服务型机器人可以成为人们生活中的助手，甚至伙伴，人机和谐共生成为可能。

2.3.2 人类与机器之槛：“电子化的人格”

随着人工智能的不断发展，越来越多的智能机器人出现在人们的视野中。例如，打败职业棋手的 AlphaGo、会写诗的微软小冰、能够创作大量文学与艺术作品的智能 AI 等。智能机器人已经不再是新鲜事物。

然而，随着越来越多的智能机器人参与生产、生活活动，人类在社会生活中的唯一理性主体的地位遭到挑战。越来越多人开始思考：人类与机器人之间的界限到底在哪里？人工智能是否具备人格？人工智能能否成为法律主体？

针对这些问题，人们众说纷纭，至今也没有形成一个统一的观点。

在笔者看来，目前，人类与人工智能之间的门槛无法跨越。人工智能的本质仍然是工具，是被人类制造出的帮助人类解决问题的工具。

首先，人工智能的底层逻辑是基于算法、数据、算力三大要素，被制造出的能够通过海量数据不断深度学习以获得类人性的机器。人工智能所进行的创作、生产，甚至“思考”，都是在人们的指令下进行的活动，而且是建立在海量数据基础上的。脱离了人类的干预，人工智能本身并不具备参与社会活动的能力。

也就是说，AI 创作出一幅美妙绝伦的画作，并不是 AI 具有超强的绘画能力，而是人类设计师赋予它超强的算法，它经过无数次对人类画作的反复学习，最终生成了一幅画作。

其次，人类与机器最大的不同在于人类拥有丰富的情感。吃到美食我们会感到喜悦，遇见不平之事会愤怒，观看悲剧电影会悲伤，发生好事会快乐。喜、怒、哀、乐是人们最基本的情绪，体现着人们的情感。不管智能机器人的类人性有多高，都很难产生和人类相似的情绪与情感，这是人类与机器之间最明显的区别。

最后，在人工智能发展的过程中，即使出于法律权责认定的需要赋予人工智能"人格"，也只是"电子化的人格"，而非如人类一般与生俱来的自然人人格。

2.3.3 AI 背景下的就业新思考

著名物理学家史蒂芬·霍金曾在英国《卫报》发表文章预言："工厂的自动化已经让众多传统制造业工人失业，人工智能的兴起很有可能会让失业潮波及中产阶级，最后只给人类留下护理、创造和监管等工作。"那么，人工智能真的那么恐怖吗？其实并不是。

随着人工智能的不断进步和发展，一些新兴的行业一定会出现，而随之出现的，是新的就业机会。正如互联网兴起之前，没有很多可供人们选择的相关职业，而互联网兴起之后，程序员、配送员、产品经理、网店客服等新兴职业随之出现。

我们不能片面地认为人工智能出现之后就一定会有旧事物被残忍淘汰，事实上，更多的情况是人工智能与旧事物的结合。这就意味着，人们可以通过学习和训练，逐渐适应并掌握人工智能技术，从而转移到新的行业中。

在科技趋于完善、生产力大幅提升的趋势，职业的划分已经变得越来越细化，与此同时，就业机会越来越多。人工智能的发展方向应该是与人力协同，而不是取代人力，而大部分已经应用了人工智能的企业都是这样做的。下面以京东为例进行详细说明。

2017 年，京东成立了一个无人机飞行服务中心，需要招聘大量无人机飞行服务师。这一职位的门槛其实并不是很高，只要经过系统培训，没有相关基础的普通人也可以胜任。

值得一提的是，京东的无人机飞行服务中心是我国首个大型无人机人才培养和输送基地，对于无人机行业而言，这是一个特别大的突破。基于此，无人机在物流领域的应用率将会越来越高，整个社会的物流效率将会大幅提升。在这种情况下，新的就业机会将不断涌现。

可见，仅是无人机专业就可以衍生出一系列配套设施，以及大量的人力需求。人工智能出现以后，虽然原有职位的需求会有所减少，但新职位的需求会大量增加。而且，这些新职位不仅包括研发、设计等高门槛类的，还包括维修、调试、操作等低门槛类的。

无论是什么样的人，之前从事过什么工作，将来都可以找到适合自己的职业，并不会因为学历不够而没有工作机会。一个行业的职业结构应该是金字塔形的，除了需要位于塔顶的高精尖人才，还需要位于塔底的普通工作人员。只有这样，才可以保证行业生态的健康和完整。

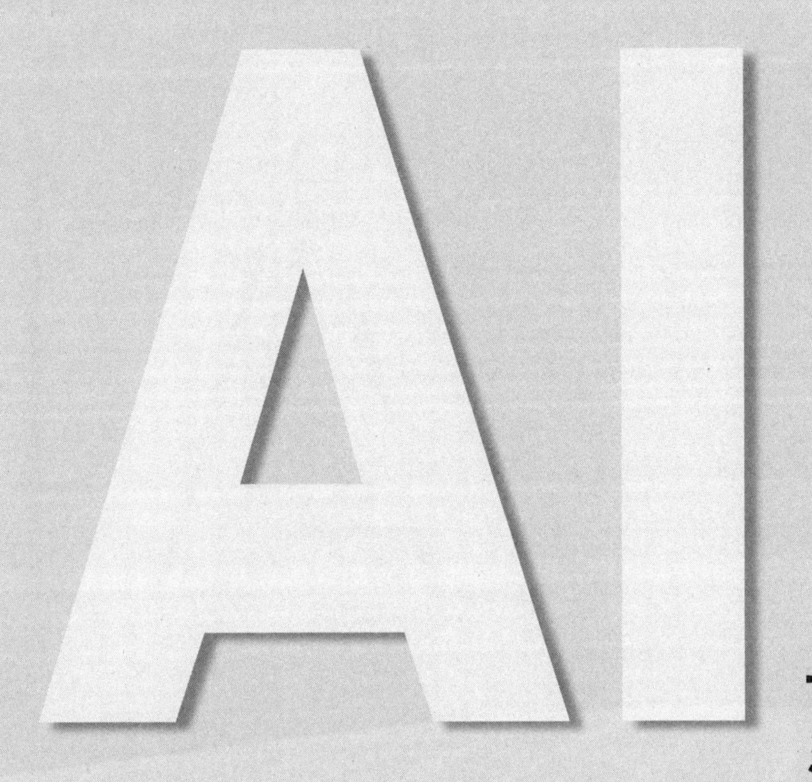

中篇 前沿技术助力AI升级

第3章

技术支撑：人工智能必备关键技术

在这个信息技术高速发展的时代，新技术的应用对企业提高市场竞争力至关重要，而人工智能就是企业发展新兴技术的突破口。人工智能的发展离不开各种技术的支撑，下面从计算机视觉、自然语言处理、智能语音语义、机器学习、知识图谱、人工智能芯片六个方面展开，详解发展人工智能必备的关键技术。

3.1 计算机视觉

计算机视觉又被称为“智能世界的双眼”，是人工智能领域的重要技术之一。通过模拟人类的视觉系统，计算机视觉能够赋予计算机“认识”世界的能力。作为人工智能的底层产业，目前计算机视觉处于高速发展期，具有广阔的发展前景。

3.1.1 计算机视觉概述

视觉是人类感知外部世界环境及其结构与变化的重要通道。计算机视觉（Computer Vision，CV）也被称为“机器视觉”，主要利用图像传感器来获取物体的图像，能够通过数字技术将图像转化为数字图像，并利用计算机技术模拟人类思维对图像做出判断和识别，以达到分析图像并得出结论的目的。

通俗来讲，计算机视觉就是一门研究如何通过模拟生物视觉让计算机“看”到外界物体，并通过对外部世界的感知做出相应判断且能自主采取行动的技术。

计算机视觉不仅能够帮助计算机模拟人类视觉，还能够弥补人类视觉存在的缺陷，实现分类、测量、识别、跟踪、决策等功能。

例如，计算机视觉能够识别出不同的物体、场景、人，能够估算出立体场景内的空间与距离，分析并理解图像，进行导航并合理躲避障碍物等。计算机视觉还能够进行精细感知，关注到人类视觉容易疏忽的细节问题，而且计算机能够长时间稳定执行同一任务，不会感到疲惫。

作为人工智能领域的前沿技术之一，计算机视觉是当前各大人工智能企业进行技术布局的重点。该技术研究的主要内容包括主动视觉与动态视觉、图像识别与检测、三维场景重建、图像与视频语义分割、生物特征识别、意图理解与人体行为分析等。

该技术研究的主要目的在于：赋予智能感知系统理解能力与环境分析能力，使其能够高度适应复杂的现场场景与环境，完成高度精细化的各种任务。

3.1.2 计算机视觉的发展历程

计算机视觉的发展历程大致可以分为三个阶段：创立初期的马尔计算视觉阶段、20 世纪 90 年代的多视几何阶段、21 世纪以来与生产制造领域广泛结合的阶段。

1. 创立初期的马尔计算视觉阶段

1982 年，马尔在其书中提出视觉计算理论与方法，标志着计算机视觉成为一门独立学科。马尔认为，人类视觉能够复原日常生活中三维场景的几何表面，即人类能够利用视觉实现三维重建，而这种从二维到三维的重建也可以通过计算实现。

计算机视觉发展初期的马尔计算视觉阶段奠定了计算机视觉发展的基础，对当今时代计算机视觉的发展仍有深远影响。

2. 20 世纪 90 年代的多视几何阶段

20 世纪 80 年代，关于计算机视觉的理论与方法不断迭代更新，在全球范围内掀起了研究热潮。20 世纪 90 年代，基于多视几何的计算机视觉理论迅速发展，同时，该技术在工业场景中得到了广泛应用。在这一阶段，计算机视觉技术被广泛应用于生产制造领域，技术水平进一步提高。同时，得益于传感器等配套技术的发展，计算机视觉行业的生产成本进一步降低，实现了行业的整体进步。

3. 21 世纪以来与生产制造领域广泛结合的阶段

21 世纪以来，计算机视觉与其他智能技术的融合程度不断加深，使用计算机视觉技术解决具体问题的算法逐渐优化。与该技术相关的软硬件产品开始向生产制造领域的各个场景蔓延，计算机视觉的应用范围不断扩大。

当前，计算机视觉技术在分割、分类、检测、定位等基本语义感知任务上的应用已经较为成熟。一些人认为，计算机视觉的落地应用已经严重同质化，该技术的发展也已经进入瓶颈期。事实上，这一观点有明显的局限性。

对于人类来说，视觉是探索、认知世界的起点，对于机器来说也是同理。

如何做到高度类人化地进行多模态信息融合与分析，更好地适应三维环境，实现常识性经验与科学性知识的结合并解决更高层次的问题，突破数据依赖的局限性，实现对复杂、不断变化的环境的适应与主动感知等，都是计算机视觉技术实现进一步发展的拐点。

3.1.3 打造“视觉+”智能体系

“视觉+”智能体系的本质是以人工智能为核心，运用大数据、云计算等技术手段，通过视觉信息为人们提供服务的制造、传播、应用体系。

英特尔公司物联网事业部副总裁乔纳森·巴龙（Jonathan Ballon）曾在英特尔人工智能大会上表示，人工智能的发展是企业数字化转型升级过程中的重要部分，而计算机视觉则是人工智能技术落地应用的关键性技术。

英特尔对计算机视觉技术的探索与开发从未停止，一直致力于生产出更多相关产品，打造“视觉+”智能体系，并将其运用到实际生产经营过程中。OpenVINO就是英特尔在计算机视觉方面的研发成果。

在运输行业，OpenVINO能够与智能摄像头协同工作，为物流运输提供安全保障。企业可以将搭载了OpenVINO技术的摄像头安装在运输车辆的驾驶室内和外侧，驾驶室内的摄像头可以监测驾驶员的工作状态，及时识别驾驶员是否存在疲劳驾驶、违规驾驶等问题，以便管理中心的人员及时调控，保证驾驶员安全驾驶。

运输车辆外侧的摄像头可以实时监测货品运输过程中是否出现掉落情况，若有货品掉落，驾驶员会收到提示，及时应对。该技术的应用一方面能够减少企业因货品掉落而遭受的损失；另一方面能够避免障碍物影响车辆正常行驶，保障了行车安全。

OpenVINO还可以应用在零售行业。企业提前将用户信息输入系统中，OpenVINO便能准确识别出哪些用户是VIP用户，避免了人工识别可能出现的失误。这有助于店铺为会员提供更高质量的服务，进一步增强用户的黏性与忠诚度，提高用户的复购率与产品转化率。

在医疗行业，OpenVINO也大有可为。例如，OpenVINO可以帮助医生快速诊断患者是否患有眼部黄斑病变，并且诊断准确率达到95%以上。任何有眼部黄斑病变征兆的患者都可以直接使用相关设备进行诊断，使病症能够及时得到治疗。

在落地应用方面，相关企业可以直接输出计算机视觉通用性技术，也可以深挖垂直行业痛点，为其提供产品、服务、解决方案。例如，在工业开采、金融、公安等领域，计算机视觉技术能够进一步提升产品的精准性与鲁棒性，完成各种高难度、高复杂性任务。

对于企业来说，引入计算机视觉技术，打造“视觉+”智能体系，是数字化转型升级的重要任务之一。只有充分认识到计算机视觉技术的战略意义，企业才能抢先打通产品向行业生态圈迈进的链条与渠道，获得大量场景理解与训练数据，建立领域先发优势，构筑起产业升级的“护城河”。

3.1.4 计算机视觉赋能京东无人零售店

随着新兴技术不断发展，各大企业在零售市场中的竞争越发激烈，企业的商业模式发生变化。零售路在何方，新的零售需要什么样的新元素？我们需要新的数据，需要连接更多的用户，需要运用技术进一步降低成本，这样才能把零售推向一个新的台阶。

京东利用计算机视觉技术赋能传统零售业，打造京东无人零售店，将新兴技术与零售场景完美结合。京东无人零售店开业的第一天，便吸引了大量顾客前来消费。

顾客需要提前在手机上下载好京东 App 并开通免密支付功能，这样消费时就可以直接使用账户里的专属二维码。顾客走进京东无人零售店，只需将自己的专属二维码对准门前的感应器，便能在系统里留存自己的信息，以便完成后续的自助购物与支付流程。

进店后，顾客可以在货架上自行挑选自己喜欢的商品。支付过程十分方便快捷，顾客只需要面向出口闸机上方的探头，探头便会自动利用计算机视觉系统提取顾客的人脸图像，快速识别顾客，并在相应账户上扣除消费金额。

京东人工智能技术相关负责人称，京东的无人零售店打造了一套完整的流程，用户只需要绑定一次便可终身使用，再次购买商品时不需要进行手机验证。在计算机视觉系统的帮助下，京东无人零售店能够实现自动识别，给用户带来优质的购物体验。

除了京东，许多企业都对计算机视觉技术进行开发与探索，促进新零售行业的发展。

3.2 NLP：自然语言处理

NLP（Natural Language Processing，自然语言处理）是一门以计算机为工具，加工与处理人类口头、书面等各种形式的自然语言信息，让计算机与人类使用语言进行交流的技术，被誉为“人工智能皇冠上的明珠”。

3.2.1 NLP 概述

NLP 与机器学习、智能机器人、脑科学、心理学、语言学等诸多学科交叉融合，是推动通用人工智能发展的关键技术。NLP 技术研究的重点是具有可解释性、高效率、高精度、低资源适应性、高鲁棒性的多模态环境中的自然语言处理任务。

NLP 技术研究的主要内容包括：自然语言处理的基础任务，如大规模预训练语言模型、语义表示方法、自然语言语义分析技术等；自然语言理解任务，如观点抽取、情感分析、知识图谱构建、信息抽取等；自然语言生成任务，如跨模态内容生成、文本生成、文档摘要等；自然语言与多模态环境交互任务，如对话、问答系统等。此外，NLP 技术还面向机器写作、智能知识服务、文本挖掘等应用方向，更好地赋能人机交流。

NLP 主要包含两种技术：语义表示与理解、分词与语法分析。

（1）语义表示与理解。语义表示与理解分为两种：一种是浅层语义分析，另一种是深层语义分析。浅层语义分析在人机交互方面只能做到语义角色标注，无法深层次地理解语言背后的意义。而深层语义分析则与之相反，它更注重语言背后的逻辑，对实现人机交互具有更重要的意义。因此，业界在进行智能语音语义研究时，更关注深层语义分析。

（2）分词与语法分析。分词与语法分析主要是通过词性标注的方法对数据进行预处理。分词与语法分析包含命名实体识别、词义消歧等细分环节。

如今，NLP 还处于发展阶段，其发展目标在于缩减人类自然语言与计算机理解之间的差距，最终使计算机能够准确地理解自然语言。未来，NLP 将支持人工智能帮助人类解决更多问题。

3.2.2 有监督的 NLP

在技术发展的过程中，大部分基于深度学习构建起来的 NLP 算法模型都采用了有监督学习这一方法。

有监督学习，即在 AI 模型进行学习的过程中，每一次输入内容时，都要同时提供正确的答案，形成成对的标注数据。应用这些数据对 AI 模型进行反复训练，AI 模型能够成功输出匹配输入内容的结果。

当前，行业中已经有部分标注好的数据集，能够用于对有监督的 NLP 模型进行自然语言相关任务的训练。例如，权威性较强的组织或机构构建的多语种翻译数据库，就可以作为训练有监督的 NLP 模型的数据库。

在完成自然语言识别任务方面，例如，将手写体文档或图片转化为文字的光学字符识别、将文字转化为语音的语音合成、将语音转化为文字的语音识别等，有监督学习的 NLP 模型有着超越大多数人类的效率与准确率。

自然语言理解是比自然语言识别更为复杂的任务。该任务需要计算机能够理解语言中蕴含的意图，并及时采取下一步行动。例如，用户对智能语音助手提出“播放一首欢快的歌曲”的要求时，智能语音助手就要先正确解读用户意图，才能够做出正确的响应。

这就需要应用人工标注的数据对语言理解模型进行训练。人类的表达方式有很多种，即使是同一件事，也能从许多不同的角度进行阐述，这对 NLP 的自然语言理解能力提出更高的要求。只有以人工标注的方式对同一意图用尽可能多的方式进行表达，NLP 模型才能通过深度学习完成更复杂的任务。

3.2.3 自监督的 NLP

自监督的 NLP，就是在进行模型训练的过程中，无须人工标注数据，而是采用一种名为序列转导的学习方法。

在训练自监督的 NLP 模型时，只需要输入部分单词序列，模型便能够预判性地输出下一部分内容。这一技术的部分成果已经实现了落地应用，例如，某些输入法的“智能联想”功能就是根据用户在使用过程中展现出的使用习惯，或根据常用词语、句式的组合情况，在用户输入某些词语时，自动推荐关联词语或补齐长句。

谷歌在 2017 年发明了一种名为 Transformer 的新型序列转导模型。经过海量语料的训练后，该模型具备选择性记忆前文重点内容的能力。这种 NLP 模型在学习时，依靠强大的数据处理功能与丰富的自然数据，能够建立起自己的学习模式，并在发展过程中不断强化自身能力。

OpenAI 于 2020 年推出的 GPT-3 有一个庞大的序列转导引擎。在经历了高成本、长时间的不断训练后，GPT-3 成了拥有 1750 亿个参数的模型，能力大幅提升。

与仅能完成单一领域任务的传统 NLP 模型不同，GPT-3 能够完成一系列较为复杂的任务，如撰写技术指导手册、撰写新闻稿件、创作诗歌，甚至能模仿某作家的风格对其文章进行续写等。

GPT-3 具有巨大的发展潜力，有望成为一种崭新的底层架构或 NLP 模型的应用平台。GPT-3 发布后，短短数月时间内，开发人员就在上边创建了各种各样的应用程序。例如：根据图片的一部分自动生成整幅图片的图像生成器；根据部分吉他音符自动补全整首乐曲的作曲器；赋予用户与历史人物进行超时空对话能力的智能聊天机器人等。

此外，2023 年十分火爆的对话式智能聊天机器人 ChatGPT 就是 GPT-3 的延伸与应用。

3.2.4 NLP 技术助力商业银行实现业务升级

随着技术的不断发展，许多企业都开始利用科技提高自身的业务处理速度，商业银行也不例外。NLP 技术就是商业银行在处理业务过程中采取的主要技术之一。

商业银行的主要利润来源是对公授信业务，而这项业务需要大量、持续地获取资料，消耗大量人力与物力。基于深度学习的 NLP 技术能够有效简化商业银行在进行对公授信工作时的烦琐流程，实现半自动化，甚至全自动化地处理与对公授信业务相关的各种信息或资料。

NLP 处理信息的速度极快，尤其是在提取文本中的关键信息、解析表格内容以及对不同文本进行分类等方面，这大幅提高了商业银行的工作效率。同时，NLP 技术能够帮助商业银行减少大量人力成本，使其利润得到进一步提升。

NLP 技术对商业银行的积极作用不止于此，它对商业银行的风险监控工作十分重要。它可以从企业关系角度挖掘信息，通过海量数据确定企业之间的关系，并构建一张企业关系网，帮助商业银行根据企业关系网对合作企业的动态进行监测。当发生意外变动时，商业银行能够快速反应，从而降低经营风险。

浦发银行在 2019 年组建了 NLP 团队，进行 NLP 技术应用的开发与探索。在 2022 年“第十六届国际语义评测比赛”中，浦发银行又与百度合作组建团队，展示了浦发银行在自然语言处理领域的技术应用能力。

浦发银行运用 NLP 技术对合同进行智能审核，提高了运营效率，缩短了用户等候时间，促进了自身数字化、智能化发展。

浦发银行推出的相关衍生 App 也运用了 NLP 技术为用户提供服务。App 中的数字理财专员是 NLP 技术发展的产物，可以帮助浦发银行更加准确地了解用户意图，从而更快速地为用户推荐合适的理财产品，提升用户体验。

3.3 智能语音语义

语言是人们在日常生活中最常使用的沟通方式，若想实现用户与人工智能之间更好的交流，那么对人工智能语言系统的开发必不可少。而智能语音语义是人工智能的关键技术之一，主要功能是让计算机能够接收并识别人类语言，同时理解语言背后的含义。

3.3.1 智能语音语义现状分析

智能语音语义正处于蓬勃发展的阶段，在大数据、区块链、云计算等技术的推动下，它的功能日趋强大。中国语音产业联盟发布的《2020—2021 中国语音产业发展白皮书》显示，2020 年，全球智能语音产业规模约为 203 亿美元，而且处于持续扩张的状态。

中研普华产业研究院发布的《2022—2027 年智能语音市场投资前景分析及供需格局研究预测报告》中指出，智能语音语义已经经过了四个发展阶段，分别是：萌芽、起步、产业化以及应用落地。未来，智能语音语义技术将会继续发展。

目前，越来越多的企业进行智能语音语义产品开发。德勤数据显示，科大讯飞凭借较强的研发优势，占据了智能语音语义市场 60% 的份额，成为智能语音语义领域的代表。

作为一家技术创新型企业，自成立以来，科大讯飞就一直深耕智能语音语义技术的研究，并始终以“让机器人能听会说，能理解会思考”“用人工智能建设美好世界”为发展使命。

“讯飞听见”就是科大讯飞进行智能语音语义研究的成果。它是一个以语音转文字为核心业务的产品，可以帮助企业安全、便捷地召开线上会议，并在会议结束后自动生成会议记录，无须企业耗费人力进行记录。

讯飞听见的用户也可以通过上传音频或视频的方法，将语音转化为文字。科大讯飞官方数据显示，最快在 5 分钟内，讯飞听见就能将 1 小时的音频转化为文字，且正确率高达 97.5%。讯飞听见还拥有多语种、全场景的快速翻译功能，能够最大限度地发挥智能语音语义的作用。

Nuance 也是一家致力于智能语音语义研究的企业，旗下的“声龙驾驶”是专门为汽车打造的人工智能系统。用户只需要在安装了声龙驾驶的汽车内发出语音指令，无须触碰相应的按钮，声龙驾驶就能够满足用户的需求。同时，声龙驾驶还能让不同品牌的汽车厂商在汽车出厂前定制专属车载信息娱乐功能，充分展现不同品牌汽车的特点。

还有许多企业将智能语音语义作为在激烈的市场竞争中占据优势地位的重要突破口，致力于开发智能语音语义产品以提升自身的核心竞争力，在人工智能领域实现进一步发展。

3.3.2 基础技术：语音合成 + 语音识别

智能语音语义有两项基础技术，分别是语音合成和语音识别。下面对其进行详细讲述。

1. 语音合成

语音合成技术也被称为文语转换技术。它是一种人造语音技术，让计算机能够将以其他方式表示的信息转化为语音信息，用户可以用听的方式了解信息内容。从技术上，我们可以将语音合成分为三类：波形编辑合成、参数分析合成以及规则合成。

（1）波形编辑合成。这种合成方式通常以单个音节、词语、短语或语句为合成单位，由工作人员对这些合成单位进行录音，然后，工作人员在计算机中将这些基础合成单位按数字顺序编码，打造语音数据库。输入想让计算机读取的信息，计算机就可以在语音数据库中寻找相关的语音信息并将它们串联在一起，形成流畅的语句或语段。

（2）参数分析合成。这种合成方式的合成单位相较波形编辑合成更小，主要有音素、半音节、音节等。这种合成方式与波形编辑合成的输出方式相同，都是将合成单位按顺序编码后经过组合生成语音信息。

（3）规则合成。这种合成方式同样采用将合成单位编码后经过组合生成语音信息的输出方式，但合成单位更小，主要由音素、半音节或音节的声学参数以及语言读写的各种规则构成。

2. 语音识别

语音识别也被称为自动语言识别，指的是使用计算机将人类语言转化为文本信息或者指令，使计算机能够根据指令做出相应的行为。语音识别的准确率为 96% ～ 98%，大部分信息它都能成功转化。语音识别主要包括语音激活检测、语音特征提取、识别建模、解码等步骤。

（1）语音激活检测。语音激活检测主要是判断当前状态是否处于语音输入状态，以降低噪声对语音识别的干扰。该步骤是语音识别的基础，语音识别是基于语音激活检测截取到的片段进行的。

（2）语音特征提取。语音特征提取主要是对语言进行切割变换，让语言变成以帧为单位的音频序列，方便后续进行转文字的操作。

（3）识别建模。识别建模是语音识别过程中最关键的一步，它会根据用户输入的信息寻找与其最相似的文字序列。识别建模本质上就是把音频序列转化为文字序列的过程。

（4）解码。解码是语音识别的最后一步，它会根据声学模型将最后的语音识别结果呈现给用户。

3.3.3 智能语音语义的垂直应用

智能语音语义技术范畴包括自然语言处理、语音识别、声音信号前端处理、语音合成等一系列具体技术，能够使人与机器实现以语言为纽带的通信。

智能语音语义技术的落地得益于深度神经网络的发展，机器的语音识别准确率大幅提升，能够达到，甚至超越人类识别的水平。随着智能语音识别准确率的不断提升、远场语音识别与唤醒技术得到发展以及全双工语音交互出现，智能语音语义技术的应用不断取得突破。同时，基于NLP模型的人机对话与问答能力逐渐成熟，知识图谱技术推动对话引擎与实际应用场景的算法不断优化，也进一步拓展了智能语音语义的应用范围。

对话式智能人机交互产品的形态越来越丰富，产品的功能以及应用场景逐渐增多。在互联网、医疗、教育、司法、公安等各种垂直领域，语音识别、语音合成、语音转写等智能语音语义技术的应用范围不断拓展。

智能语音语义技术支持下的智能人机交互产品带动相关产业的经济规模不断扩大，包括智能客服等服务性行业的效率提升与产业升级；日常生活硬件，如智能家电、智能车载系统、智能音箱等产品出现或升级。

3.3.4 AI时代下的机器翻译

随着人工智能技术的快速发展，许多行业都发生了翻天覆地的变化，翻译行业也不例外。正如《数字化时代的翻译》一书中所写的：“翻译正在经历一场革命性剧变。数字技术和互联网对翻译的影响持续、广泛且深远。从自动化在线翻译服务，到众包翻译的兴起以及智能手机上翻译应用程序的扩散，翻译变革无处不在。”

机器翻译也被称为自动翻译，主要是利用计算机实现从一种语言到另一种语言的转换。20世纪30年代，科学家G.B.阿尔楚尼提出使用机器进行翻译的想法。1949年，“机器翻译”这一概念被正式提出。

机器翻译在大众面前首次亮相是在博鳌亚洲论坛上。在此次论坛上，人工智能代替工作人员完成同声传译工作。

随着人工智能技术逐渐成熟，越来越多的人熟知机器翻译这一概念，并且，机器翻译已经渗入人们的日常生活中。无论是重大会议中的同声传译，还是人们在生活或工作中会使用到的在线翻译软件或网站，都是机器翻译技术的应用成果。

虽然当前机器翻译正处于飞速发展时期，机器翻译的功能也在逐渐完善，但是，仍然存在一些问题亟待解决。例如，如何提高机器翻译的可干预性，如何提升机器翻译对稀有语言的翻译能力，如何使机器翻译更加便捷等。这些问题都需要通过不断推动人工智能以及智能语音语义技术发展来解决。

3.4 机器学习

机器学习是人工智能领域的一项重要技术。在高速发展的互联网时代，机器学习已经渗入我们生活的方方面面。下面将从机器学习的概述和机器学习系统开发的步骤两方面入手，详解机器学习的相关知识。

3.4.1 机器学习概述

机器学习就是使计算机从复杂的数据中学习并掌握规律，并以此来预测未来某特定时间的行为或趋势。

在机器学习出现之前，研究人员往往通过编程让机器运行一个既定的程序。然而，在机器学习发展过程中，一些问题逐渐凸显出来。例如，即便程序设计者穷尽自身想象力，也无法准确预见未来可能发生的所有情形，如股票涨跌情况。部分问题很难通过设计程序来解决，如推算某个用户的喜好与消费倾向，并为其推荐可能感兴趣的产品等，因此需要机器学习的助力。

机器学习的过程和学生认识新汉字的过程类似。例如，教师教一年级学生认识汉字“一、二、三”时，首先，要将这三个汉字书写在黑板或纸上，让学生能够看到这三个汉字的形态；其次，要一边让学生观察这三个汉字，一边向他们说明“一条横线的汉字是一”，以此类推；最后，重复这一过程。在这一过程中，学生的大脑处于学习状态，在重复次数足够多的情况下，学生就能学会辨认这三个汉字。

以这一案例来类比机器学习的过程，写有汉字的黑板或纸就是训练集，“一条横线”这种将汉字进行区分的属性就是特征，学生的大脑进行学习的过程就是建模，掌握技能后总结的规律就是模型。机器学习的过程就是通过训练集的训练，不断识别特征并进行建模，最后形成并输出有效的模型。

3.4.2 机器学习系统开发的步骤

开发机器学习系统需要遵循一些步骤，如图 3–1 所示。

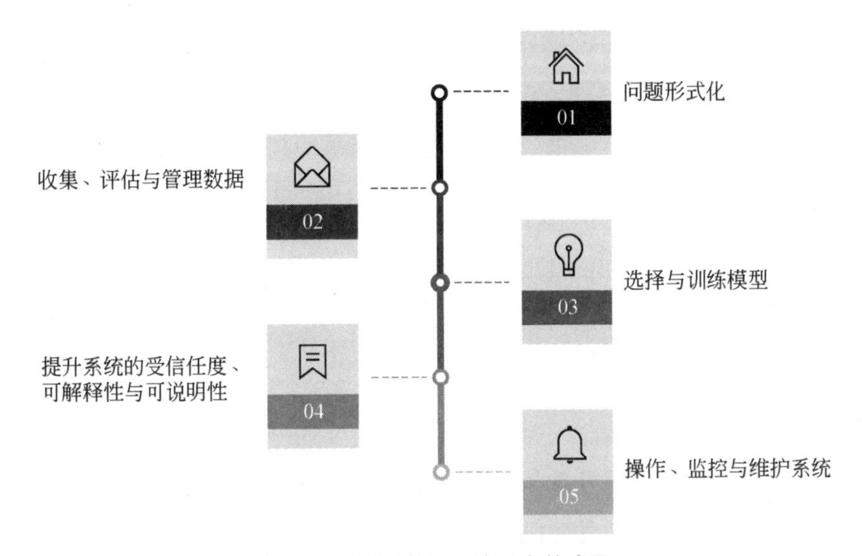

图 3–1 机器学习系统开发的步骤

1. 问题形式化

解决问题的第一步，是明晰待解决的问题。这一步骤能进一步分解为两个方面：第一，需要解决什么问题；第二，机器学习能够解决问题的哪一部分或机器学习能够将问题解决到何种程度。

在确定问题时，需要注意问题描述的准确性与可操作性，例如“帮助用户更加高效地整理图片”，这样的问题描述就过于含糊，很难通过机器学习的方式解决问题。更为具体的描述为“在所有照片中帮助用户筛选出与特定词条相匹配的照片，词条为花”。

为了更好地实现目标，可以为机器学习系统设定一个损失函数，使其能够在某种程度上衡量系统与正确标签存在的偏差值。这一函数需要与真正目标存在一定的关联性，但通常情况下，不必与真正目标完全一致。因为，真正目标往往是需要实现的成果的最大化。

通过对问题进行形式化处理后，能够将问题拆解为若干子问题，并从中挖掘出能够由程序处理的子问题。如此，便能够简化开发机器学习系统的流程，减少工作量。

2. 收集、评估与管理数据

在开发机器学习系统时，数据是必不可少的关键性要素。数据的来源十分多样化，在部分情况下，可以使用免费的图像数据库中的数据。例如，进行图像识别时，就可以使用 ImageNet 的免费数据集。

在有些情况下，则需要开发者自己制作数据，或通过互联网收集、筛选、评估数据。在一些特殊情况下，开发者可以通过用户上传的方式获取数据。例如，Waze 导航就鼓励用户上传数据，通过收集用户上传的拥堵状况等实时交通信息，为用户提供更加准确、及时的导航服务。

当数据量不足时，开发者可以采用迁移学习的方式获取数据，即先使用公开且易得的数据集中的数据，再在发展过程中，逐渐向程序中添加用户上传的数据，并对程序进行再次训练。

在数据管理上，机器学习系统的开发者需要明晰所有数据的来源、数据的确切定义、可能的取值以及数据处理的方式。开发者还需要了解是否存在数据传输中断的情况及其确切的时间段，以及数据源定义是否会由于时间的推移而发生变化等。

在大多数情况下，他人生成的数据与开发者对数据的需求并不完全一致，可能存在一定的分歧，这可能导致他人在某一时间段内改变数据生成方式，甚至停止对数据的更新。因此，开发者需要密切关注数据来源的情况，及时捕捉动态信息，根据实际情况及时调整获取数据的方式。灵活地进行数据收集、评估与管理，是开发机器学习系统的关键步骤。

3. 选择与训练模型

有了稳定的数据来源后，开发者就可以着手建立模型。选择一个恰当的模型类别，如集成模型、深度神经网络模型、随机森林模型等，是建立模型的前提。然后，开发者需要使用海量数据对模型进行训练，并对模型进行超参数调优，不断调试模型运行的过程，最后还需要使用测试数据评估模型的性能。

挑选模型类别时，开发者可以参考以下几点建议。

（1）当分类特征数量较多，且许多特征之间没有明显的关联时，可以采用随机森林模型。

（2）当数据量充足但缺乏足够的先验知识，且开发者不想花费大量时间来匹配特征时，可以采用非参数方法。

（3）当数据属于线性可分的情况，或通过特征工程的操作，能够使数据被转换为线性可分的情况时，可以采用逻辑回归模型。

（4）当数据集规模较小时，可以采用支持向量机模型。该模型在高维数据上往往有出色的表现。

（5）当需要处理模式识别相关的问题，如语音或图像处理时，可以采用深度神经网络模型。

在选择超参数进行模型训练时，开发者可以借助以往的经验，选取在类型相似的问题上曾经表现较好的超参数，然后进行运行实验。

但是，如果通过验证数据的方式对模型性能进行评估，就有可能出现过拟合的问题。为了避免这一问题发生，开发者需要准备若干独立验证数据集，并对数据进行仔细审查。

4. 提升系统的受信任度、可解释性与可说明性

机器学习系统往往受到多方利益相关者的关注，不仅有系统开发者，还有用户、监管机构、制定规则的有关部门以及新闻媒体等。提升系统的受信任度、可解释性与可说明性，是促使这些利益相关者信任、使用、推广系统的重要前提。

从机器学习系统的本质来看，其等同于一个软件。因此，开发者可以使用验证或检验软件系统的方法来提升机器学习系统的可信度。具体来说，有以下几种方法。

（1）源代码控制：可以实现对系统问题或缺陷的跟踪、版本控制与构建。

（2）测试：包括组件单元测试、对抗测试、模糊测试、负载测试、回归测试、集成测试以及对训练数据集、验证数据集与测试数据集的测试。

（3）审查：包括法律合规性审查、公平性审查、隐私审查以及代码审查等。

（4）监控：设置仪表盘与警报，保障系统能够正常启动并运行，在运行过程中，监测系统运行的精度。

（5）问责：开发者需要明确系统出错可能引发的后果，如何对系统做出的决策进行申诉或投诉，系统出现错误时如何追溯责任人等。

机器学习系统的可解释性体现在用户能够理解系统为什么会在输入特定条件后输出特定的内容，以及当输入条件发生变化时，输出的内容将会如何变化。

例如，线性回归系统的可解释性较强。一个预测公寓租金的系统就是线性回归系统，根据这一系统推测，当增加一间卧室时，公寓的租金相应增加 x 元。其中，“增加卧室”是输入条件的变化，“公寓租金相应增加”是输出内容的变化，这就是可解释性的核心。

机器学习系统的可说明性更多地体现在说明输入与输出内容的相对性或相关性。可解释性着重解释模型的变化过程，而可说明性则侧重于通过单独的说明模块或说明过程，总结模型的工作原理。可说明性是提高系统可信度的关键。

针对不同的开发机器学习系统的目标，对系统进行优化应当有不同侧重点。例如，当开发机器学习系统的主要目标是增强对某领域的理解时，就要更多地关注可解释性与可说明性。

但若开发机器学习系统的目标是获得性能更好的软件，那么相较于可解释性和可说明性，通过测试提升信任度更加重要。例如，有一架飞机，相关说明详细阐述了其为什么是安全的，但从未进行过安全飞行相关的实验；而另一架飞机，安全执行过上百次飞行实验，但没有任何关于安全性能的相关说明。在需要执行飞行任务时，显然后者更容易得到信任。

5. 操作、监控与维护系统

在完成确定问题、数据管理、模型训练、系统测试等一系列流程后，开发者就可以将机器学习模型在用户群体中进行部署。对于开发者来说，这并不意味着开发流程的结束，而是另一种意义上的起点，开发者将面临更多挑战。

首先，开发者要面对系统运行过程中的长尾问题。这是指当系统推出后，若该系统受到众多用户的欢迎，就可能出现用户输入的内容未经过测试的情况。尽管在系统推出前，开发者可能已经基于足够大的数据集完成对系统的测试，但只要用户数量足够多，上述情况出现的概率还是很大的。

为了解决这种长尾问题，开发者需要对系统的表现进行实时监控。开发者可以构建一个仪表盘，使其在关键指标低于设置的阈值时自动警报。开发者还需要及时收集用户与系统交互产生的数据，并将这部分数据用于更新系统。

其次，开发者要面对系统运行不稳定的问题。外部环境不断变化、充满不确定性，会极大地影响系统的平稳运行。

最后，开发者要面对系统可能出现失误的问题。没有哪个系统是绝对精密的，即便经过反复训练、实验，也有可能在应用过程中出现问题。这就需要开发者在系统推出前就制订好相应的维护计划，例如，定期估计与评价系统的运行状态、定期进行维护与更新等。

3.5 知识图谱

知识图谱是人工智能领域符号主义的代表，核心在于对多维复杂关系、多模态与多元异构数据的高效处理及可视化展示。将社会生产、生活各项活动中难以直接用数学模型表示的各种关联属性，以逻辑关系为纽带融合成一张数据网络，通过挖掘与分析各种数据之间的关系，找到行为之下隐藏的关联，并将其直观展示出来。

3.5.1 知识图谱概述

从本质来看，知识图谱是一种语义网络知识库，即具备一定结构的知识库。通俗意义上来说，知识图谱就是由实体、关系与属性共同构成的一种数据结构，也可以说是 2.0 版本的数据库。

知识图谱可以大致分为通用型知识图谱和行业型知识图谱两类。通用型知识图谱侧重于构建具有行业通用性的常识性知识，常应用于搜索引擎或推荐系统等；行业型知识图谱主要面向的对象为企业用户，通过构建适用于不同行业、企业的知识图谱，为企业提供高质量的知识服务。

知识图谱的构建方式与其具体类型有关。通用型知识图谱大多采用“Bottom-up”（自底向上）的构建方式，从 Open Linked Data（开放链接数据）中抽取具有高置信度的知识，或从非结构化的文本中抽取相应知识，从而完成知识图谱的构建。例如，机构名、人名等通用型知识图谱适用这一构建方式。

行业型知识图谱则大多适用“Top-down”（自顶向下）的构建方式。这一方式需要先做好本体的定义，再基于输入的数据，完成从信息抽取到构建知识图谱的过程。这类知识图谱通常是提供给领域内的专业用户使用的，具有较强的专业性。

3.5.2 知识图谱的构建流程

知识图谱的构建流程如图 3-2 所示。

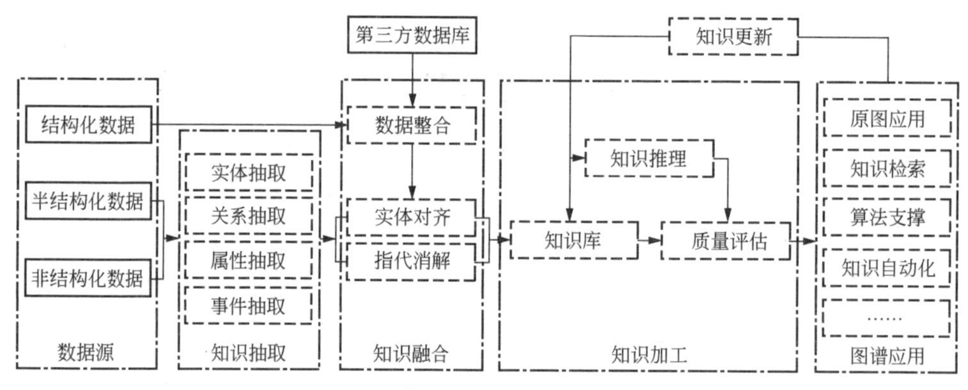

图 3-2 知识图谱的基本构建流程

构建流程的要点主要有本体构建、数据源配置、知识抽取、知识映射、知识融合。

1. 本体构建

本体，即知识图谱的模型，是对构成图谱的数据的限定。在构建知识图谱的过程中，本体构建十分重要。通过人工经验的积累、术语词典的参考、领域知识的梳理等，进行本体构建，再根据不同的应用场景，对知识图谱进行完善，最终获得实体类别及其之间的关系、实体中包含的不同属性定义等。

本体中包含的内容主要有概念与属性，属性又可以分为数字属性与对象属性等。

（1）概念主要是指事物或对象的种类、类型、集合等，例如，人、动物就是不同的概念。概念类似于分类，在概念下的事物就是实体，例如，人为一类，具体的人（如张三、李四）就是该概念中的实体。

（2）属性主要指的是事物或对象可能具备的参数、特点、特征等，例如，人的生日、性别，事物所在地点等。属性是实体的具体标记，能够表示实体的特点，也能够表示实体与其他实体之间的关系。

实体的特点被称为数字属性，实体与其他实体之间的关系被称为对象属性。例如，张三与李四是兄弟关系，那么，“性别男”就是张三的数字属性，“与李四的兄弟关系”就是张三的对象属性。

知识框架与实体数据共同构成知识图谱。知识框架即本体，实体数据则是具有关联性的数据库中存储的数据。也可以说，知识图谱就是根据业务需求与数据字段的特点，在固定框架下，建立起多个文件夹，且文件夹之间存在一定的逻辑关系，然后将原始数据库中存储的数据按照对应关系，分门别类地放置于不同文件夹中。

2. 数据源配置

知识图谱的数据处理层次如图3–3所示。

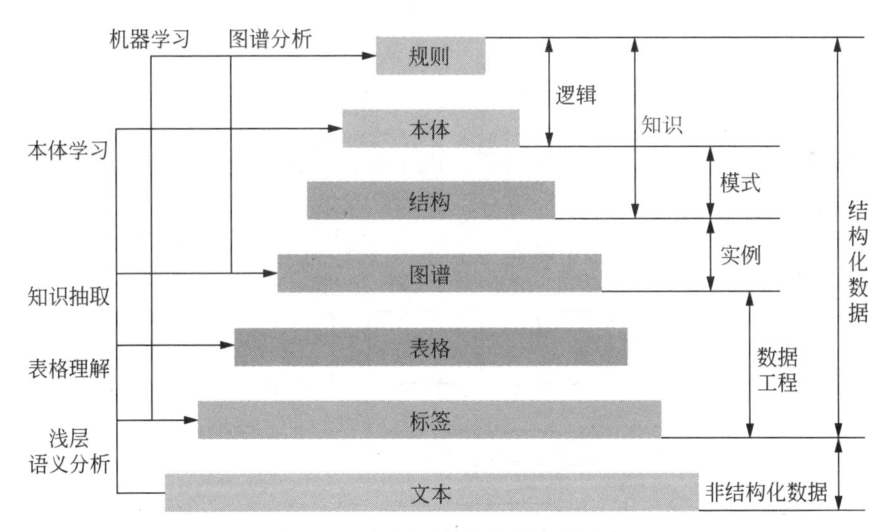

图3–3　知识图谱的数据处理层次

在使用数据构建知识图谱前，要对不同格式、不同类型的数据进行初步处理。

例如，对存储在本地的非电子化文档，操作者要先进行扫描，再结合OCR等识别技术将扫描文件转化为文本文档；对存储在本地的电子化文档，操作者要将其按文档格式、类型等条件进行归档解析，使其形成一致或相对规范的格式；对互联网中的数据资源，操作者要根据具体网站的特点，开发相应的程序以自动获取资源，如网络爬虫等，将网络数据转存到本地数据库中；对部分第三方资源，操作者则需要获取对应的数据访问接口，再通过接口来连接并获取数据。

3. 知识抽取

知识抽取就是从不同结构、不同来源的数据中提取知识，形成结构化数据并存入知识图谱中。知识抽取的子任务主要有事件抽取、关系抽取、术语抽取、命名实体抽取以及共指消解等。

在知识抽取的过程中，要注意关键的触发词。以事件抽取为例，事件抽取就是从自然语言中提取出能够吸引用户兴趣的事件信息，并将其以结构化数据的形式呈现出来，如事件参与者、发生原因、发生地点、发生时间等。

4. 知识映射

知识映射就是知识挖掘，指的是从数据中挖掘实体以及新的实体链接、关联规则等一系列信息，主要包括的技术有实体的链接与消歧、知识图谱表示与学习、知识规则挖掘等。

5. 知识融合

知识融合的主要问题在于如何将不同来源，但关于同一个概念或实体的相关信息融合起来。

知识融合的步骤如图 3–4 所示。

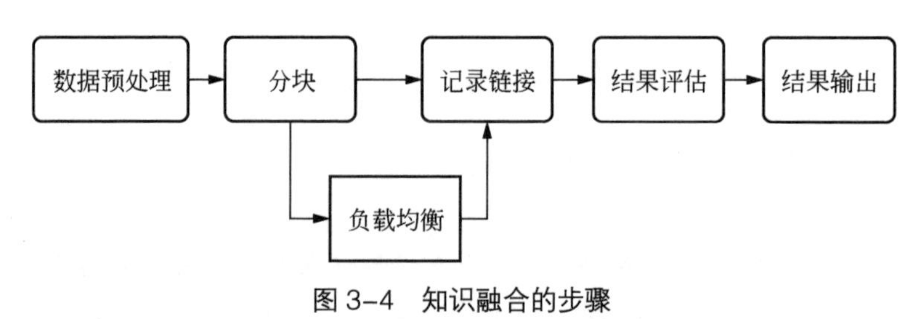

图 3–4　知识融合的步骤

在知识融合的过程中，可能出现一些问题，例如，数据质量较差、数据格式不一致、数据丢失、数据输入错误、命名模糊、数据量大、种类多样、数据关系混乱等。

因此，操作者要注意厘清数据的格式、规模与种类等问题，以及数据之间的关系，对数据进行预处理后，再进行知识融合。

3.5.3 知识图谱的行业应用

知识图谱适用于数据较为复杂的行业，能够使数据得到梳理。通过梳理好的多模态数据，企业可以进行下一步的信息推理或挖掘，推动行业高效发展。

1. 知识图谱技术赋能城市管理

随着时代与技术的发展，城市公共管理的数据来源不断拓展，由传统的单一政务数据拓展到环境、食品、交通等城市运行感知数据以及企业数据。此外，城市管理的大数据平台从政务共享平台拓展为多方共建共享共用的大数据平台。

基于知识图谱技术，众多不同来源的数据将由原本的相互孤立状态转变为联通共享，能够使多源数据进行集成交换，有助于实现对社会数据与政务数据的深度挖掘。

2. 知识图谱技术赋能智慧医疗

医疗行业的数据具有量大、多源异构、专业性较强、结构十分复杂的特征，这导致数据融合的难度进一步提升。

知识图谱技术能够推动医疗知识与核心医学概念等的全方位聚合。同时，借助知识图谱技术，相关人员能够从海量临床案例中提炼与整理出相关知识与经验，并将其录入、标注，构建完善的知识体系。在医疗服务需求不断增加、优质医疗资源供给不足的当下，这一技术能够对解决医疗供需矛盾起到重要作用。

3. 知识图谱技术赋能企业内部管理

当前，各行各业的企业纷纷推进数字化、信息化转型。在此过程中，企业往往能积累大量数据资源，但是传统的存储手段很难将企业内部数据打通，故而形成大量数据孤岛与沉没经验、知识，不利于企业效率提升。

例如，在日常工作场景中，通常会有大量的项目总结会议或培训，其中会产生许多经验与知识，需要被精准地传送给特定人员；企业的客户会产生关于业务的知识需求，如业务相关领域的专业知识、案例经验、解决方案等。这些都对企业内部数据的高效传播、流动与利用等提出了较高要求。

企业的内部知识往往具有管理、审核、识别难度高，体量大，来源广泛等特点。而知识图谱技术在信息表达上高度接近人类认知方式，并具备理解与处理海量数据信息的能力，通过语义理解及相关训练，能够实现对数据知识的判断与推理。

基于知识图谱技术构建的企业内部商业洞察系统与知识管理平台，能够帮助企业从海量多源异构数据中探索出业务规律，打造从研发、设计、生产到销售、营销、服务等环节的全链条智能化商业闭环，使企业实现高效运转与实时决策。

4. 知识图谱技术赋能智慧教育

当前，人工智能技术已经在教育领域初步落地，如课堂实时监测、口语评测、拍照搜题等智能教学辅助工具。然而，这些应用大多聚焦于外围需求，并未有效深入教学场景中。

为了开发更有价值的产品，智慧教育领域可以引入知识图谱技术，在必要且充分的数据基础之上，构建起贯穿受教育者学习轨迹、教学资源管理及教材知识体系的知识图谱，可视化展示教与学的全过程，使动态的教学活动与静态的知识点信息相连接。

在教育领域，知识图谱技术的具体应用场景主要有以下几种。

（1）对各个学科的教材知识进行本体建模，形成具有关联性、可查询的知识网络。

（2）将各种教学资源及其相关性资源进行语义化、结构化，让教育者能够更加高效、快速、科学地调用。

（3）将知识图谱、AI、大数据等智能化技术有机结合，为学习目标不同的受教育者提供个性化的学习路径，实现教学方案的千人千面。

（4）为受教育者搭建个人知识图谱，将其学习进度与知识点学习情况等数据信息与作业、考试反馈等形成实时关联，总结出能够反映其知识掌握状况的可视化图像，帮助教育者对其进行有的放矢的一对一辅导与教学，还能够帮助其选择适配自身学习情况的习题。

（5）处理教育领域碎片化的多源异构数据，形成标准化、关联性的数据集，为开发教育领域的机器学习算法提供条件。

5. 知识图谱技术赋能智能制造

制造业具有定制化程度高、产品类型丰富、场景众多、体系庞大等特点。制造领域的数据量十分庞大，且结构相对复杂，存在着大量定量知识，以及工艺制造、工序流程等事理性知识。同时，制造领域的各环节、各事件都存在一定的逻辑关系，且不同的角色有不同的本体构造需求。

将知识图谱技术引入制造领域，对物料组件、风险故障、工艺流程、设备制具、人力资源、车间工厂等制造业基础数据进行分类与建模，通过知识抽取，融合定量知识及事理性知识，挖掘实体之间的复杂关系，能够构建制造领域的知识服务平台。

知识图谱技术还能够使产品研发、设计、生产、销售、营销、服务等环节的全生命周期数据互联，并融合能源管理、模具、水务、焚烧、环境等众多相关领域的专业知识，通过推理明确各领域之间的共性、异常与发展趋势，更好地管理与组织制造行业体系的内部联系。知识图谱技术使经验与知识成为企业决策的重要参考，改变了传统的封闭式产品研发模式，企业可以通过多方面、全流程的协调管控，提高产品制造过程中预测与解决问题的能力，进一步提高产品的质量和生产效率。

此外，在公安、司法、金融等众多领域，知识图谱技术也有广阔的应用场景。总的来说，知识图谱技术将推动整个社会的数据存储、处理实现全面升级。它是人工智能时代的数据基础设施，通过打通大量多模态数据，让大量沉没性知识得到充分的挖掘与利用。

随着知识图谱技术的演进，在整个社会范围内，知识的流动效率将会更高，知识周转速度将会更快，知识能够创造出更大的价值。

3.6 人工智能芯片

作为新一轮产业革命与科技革命的重要驱动技术，人工智能已经渗透交通、医疗、制造、金融、教育等社会生活的方方面面，呈现出爆发式增长态势。算法、算力、数据是人工智能发展的三大基础要素，其中，算力主要由人工智能芯片支撑，对于人工智能的发展至关重要。企业可以应用人工智能芯片相关技术，更快地处理数字化发展过程中体量越来越庞大的数据，进一步提高运行效率。

3.6.1 人工智能芯片概述

深度学习算法不断发展，促进了人工智能芯片的诞生与发展。从广义上讲，只要芯片可以通过数字计算机或者被数字计算机控制的机器实现模拟、延伸以及扩展的功能，就能被称为人工智能芯片。从狭义上讲，人工智能芯片就是可以运行人工智能算法的芯片。不过，现在还没有关于人工智能芯片的准确定义，人工智能技术的不断发展促使人工智能芯片的定义也在不断地发展与完善。

Tractica 的公布有关数据显示，2025 年，全球人工智能芯片市场规模将达到 726 亿美元，年复合增长率将达到 46.14%。

每一个人工智能芯片在制造时都会有相应的指标，如内存大小、计算速度快慢、尺寸大小以及功耗高低等。例如，人脸识别设备的尺寸要比较小，并且要具备较强的实时性，所需功耗也要相对较低，这样才能更加方便地投入使用。

从通用性角度来看，人工智能芯片可以分为专用型人工智能芯片和通用型人工智能芯片。专用型人工智能芯片指的是专门应用于某个领域的人工智能芯片，往往能够提高这个领域的算法效率；而通用型人工智能芯片指的是适用于大多数计算机的人工智能芯片，它使用的是通用的算法和架构。

从技术架构角度来看，人工智能芯片分为 FPGA（Field Programmable Gate Array，现场可编程门阵列）、GPU（Graphic Processing Unit，图形处理器）、ASIC（Application Specific Integrated Circuit，专用集成电路）以及类脑芯片。其中，类脑芯片未发展完善，仍然处于探索阶段。

作为数字经济发展的关键技术，人工智能成为各企业实现数字化转型的重要引擎。而随着人工智能技术高速发展，人工智能芯片相关技术将实现快速迭代，相关产业链将渐趋完善。

未来，随着内在需求的增加、技术的成熟以及各企业数智化转型升级进一步加快，产业智能化程度将不断加深。我国乃至全球范围内人工智能芯片的技术研究将不断进步，市场规模将持续扩大。

3.6.2 落地路径：AIoT 的人机交互

AIoT，即 AI 与 IoT（Internet of Things，物联网）的融合，是人工智能技术与物联网技术在实际应用中协同产生的人工智能物联网技术。AIoT 技术主要通过物联网收集来自不同场景、维度的海量数据并上传至云端，再通过大数据等技术对其进行分析，最终以人工智能的形式实现万物的数据化与智联化。

AIoT 的最终目标是打造智能化的生态体系，实现任意应用场景、系统平台、智能终端设备之间的互联互通，做到真正的万物智能互联。AIoT 是传统企业智能化转型的重要手段，各大企业坚持不懈地探索 AIoT 技术与应用。

无论是现在生活中随处可见的智能助手，还是车载导航、智能家居等，随着各种高新技术的发展，机器智能对社会生活的影响越来越大。人们对机器智能的依赖程度也在逐渐加深，更加智能的人机交互成为越来越多用户的需求。

小米的创始人雷军曾表示，未来小米发展的核心战略就是“AI+IoT”。同时，他也提出，未来我们将会进入万物智慧互联的新时代。

小米的智能助手“小爱同学”便是人机交互的具体应用。在联网之后，用户可以通过语音指令与“小爱同学”交流，例如，用户通过语音下达播放音乐、查询天气、查询信息等指令，“小爱同学”便会做出相应答复。用户还可以将“小爱同学”与其他智能家居产品连接，从而让“小爱同学”执行开关电视、电灯、空调等命令。

小米还与梅赛德斯—奔驰展开合作，共同打造了一个全新的 MBUX（Mercedes-Benz User Experience）智能人机交互系统。该系统可以让用户在车里完成对家中智能家居的操控，用户能够随时查看家中情况并进行管理，即使出门在外也不必担心家中某个电器还没有关闭。

AIoT 技术的发展催生了全新的人机交互模式。除了小米公司重点布局的智能助手与智能家居领域，AIoT 将与更多领域融合，不断拓宽应用范围。

技术的发展在给人们的生活与企业发展带来便利的同时，也对设备的智能程度以及算法与算力提出更高的要求。AIoT 设备离不开比传统通用芯片更具算力优势的 AIoT 芯片的支撑。

现阶段，市场上还未出现能够跨越设备形态实现通用的 AIoT 芯片。只有根据不同应用场景推出专用性更强的定制化芯片，才能实现成本与功耗等多种需求的平衡。目前，百度、阿里巴巴、腾讯、华为等科技大厂纷纷发力，向 AIoT 芯片领域发起冲锋，通过反复尝试与探索不断推出新产品，为我国 AIoT 行业的发展注入活力。

3.6.3 英伟达借助超强算力芯片布局人工智能

英伟达（NVIDIA）是一家著名的人工智能计算企业。英伟达创始人黄仁勋在GTC 2022大会上发表演讲，宣布英伟达将于2024年推出一款名为“NVIDIA DRIVE SoC Thor”（简称Thor，意为“雷神”）的全新车载芯片。Thor芯片是一种超强算力芯片，主要有以下两个特点。

1. 给智能汽车的芯片引入集中式结构

目前，汽车的智能系统仍然需要多种不同芯片来支撑各项功能。例如，座舱芯片负责汽车的娱乐功能，自动驾驶芯片负责汽车的自动驾驶功能等。但在数字化时代，融合才是发展的大趋势。这样的分布式芯片结构不仅成本较高，而且不利于用户对车载智能系统进行集中式统一管理。

智能汽车的芯片应该从当前的分布式结构向着一款芯片就能控制所有智慧功能的集中式结构发展。英伟达即将发布的Thor芯片能够满足智能汽车需要的所有智慧功能的计算需求，是车载芯片向集中式结构发展的重要一步。

德赛西威汽车电子股份有限公司的副总裁李乐乐曾对Thor芯片做出评价：“可以预见，NVIDIA DRIVE Thor将为更高级别的自动驾驶和更丰富的信息娱乐系统带来充裕的算力支持。其单芯片舱驾一体的设计，将加速中央计算时代的到来，为新一代智能交通赋能。”

2. 使智能汽车的芯片算力进入2000TOPS时代

没有企业会停止对更高效率的追求，英伟达也不例外。Thor芯片使得车载芯片的算力效率进一步提高，在为用户提供更佳人机交互体验的同时，能够促进英伟达自动驾驶业务的发展，提高英伟达的运行效率。

英伟达在2019年12月发布的Atlan芯片的算力值为1000TOPS，但Thor芯片的算力可以达到2000TOPS。

亚洲金融合作协会预测：“2024年座舱NPU算力需求将是2021年的十倍，CPU算力需求将是2021年的3.5倍。”这体现出随着智能汽车的发展，汽车芯片的算力需求也在增加。而Thor芯片可能会让智能汽车进入新时代，更高级别的智能汽车可能会很快出现。

通过更强大的算力芯片，英伟达能够为客户提供更加开放、高效的智能服务。同时，广阔的市场使智能汽车业务成为英伟达新的增长引擎。

大数据赋能：让人工智能价值倍增

算法、算力、数据是人工智能发展依赖的三个核心要素，而这三个要素的发展离不开众多高新技术的支撑，大数据就是其中之一。有了大数据的赋能，人工智能在发展过程中将迸发出新的活力，价值倍增。

本章从对大数据的概述入手，详解大数据与人工智能之间的联系，展现大数据与人工智能相辅相成、共同发展的“化学反应”，为企业在人工智能时代更好地拥抱大数据提供指导。

4.1 大数据概述

随着时代的发展，数据成为新的生产要素，大数据及其相关技术受到越来越多的关注。而新技术的兴起与发展不仅能够促进社会生产力水平提升，还能推动人们思维的转变，人们越来越重视数据资源的积累，以充分挖掘数据价值。未来，在各行各业不断创新发展的过程中，大数据将给人们带来更多价值。

4.1.1 思考：什么是大数据

大数据指的是一种规模大到在获取、存储、管理、分析等方面都远超传统数据库软件工具能力范围的数据集合。大数据的特征是数据规模庞大、数据流转速度快、数据类型多样以及价值密度低。应用大数据技术的关键之处不是对海量数据进行收集，而是收集之后对这些数据进行分析与处理。

对大数据概念的理解大致可以分为三个层面：理论、技术和实践。了解理论是对概念产生认知的基础，也是概念被广泛传播和认同的前提。从大数据的理论入手，我们能够窥见行业对大数据的整体描绘，有助于更好地理解大数据的特征。

技术能够更准确地体现出大数据的价值，是大数据发展的基石。大数据主要依托的技术有分布式处理技术、云计算技术、存储技术以及感知技术。这些技术能够帮助大数据实现获取、分析处理、存储等功能。

实践是大数据最终的落脚点，也是大数据价值的体现。当前，不仅企业会应用大数据实现精准营销与精准获客，政府部门、个体等也会运用大数据赋能自己的工作、生活，实现大数据技术在更多场景中的应用。

大数据整体发展趋势向好，大数据的三个发展趋势如图 4–1 所示。

1. 数据资源化

随着大数据在企业中得到广泛应用，大数据逐渐成为企业的重要战略资源。拥有大数据资源的企业能够更好地捕捉市场需求，生产适销对路的产品。此外，大数据还能够帮助企业实现精准营销，为企业找到对产品有浓厚兴趣的顾客，提升企业的利润。企业若想第一时间抢占市场先机，就必须在发展过程中注重数据的积累，并推动数据资源化，形成自身特有的数据资源储备。

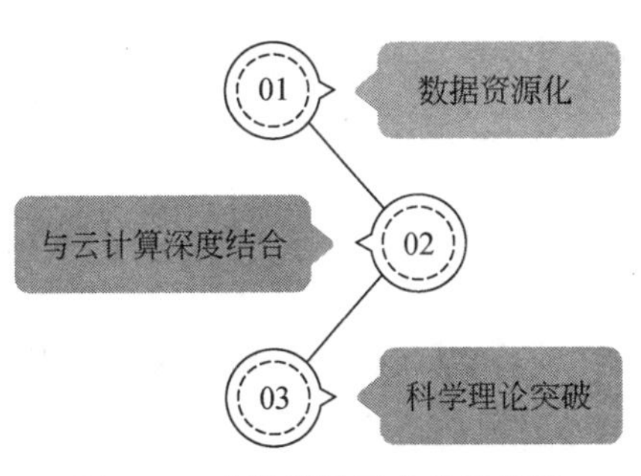

图 4-1　大数据的三个发展趋势

2. 与云计算深度结合

大数据技术的关键在于对数据的分析处理，这意味着大数据离不开云平台与云计算。云计算与云平台能够为大数据提供弹性可扩展的基础设施。在发展过程中，大数据与云计算技术的结合十分紧密。未来，二者的结合会更加深入。

3. 科学理论突破

随着大数据技术的发展，随之兴起的机器学习、数据挖掘、人工智能等相关技术也蓬勃发展，大数据很有可能带来新一轮科学理论突破。大数据或许还能做到将现实世界数字化后上传到云端，实现理论与现实的双重变革。

凡事都有两面性，在大数据火热发展的背后，也存在一些问题，其中较为突出的是数据泄露事件频发。大数据技术得到广泛应用使数据泄露变成一个难以规避的问题，用户数据的所属权一直难以界定，未来几年，数据泄露事件的发生概率可能还会不断提高。

用户数据的泄露不仅会使用户的隐私权益遭到侵犯，还会使用户对企业的信任度降低，对企业的利益造成损害。因此，所有企业都要做好数据安全防范工作，通过设置信息防火墙、数据信息安全官等措施，为数据安全提供保障，确保自身以及用户的利益不被损害。

4.1.2　盘点大数据的应用场景

在我们的日常生活以及社会生产中，大数据技术有着许多应用场景。下面将从医疗、零售、交通、教育这四个具有代表性的领域入手，详解大数据在具体场景中的应用价值，如图 4–2 所示。

1. 大数据医疗，看病更高效

在医疗行业中，由于病毒、病菌的种类众多且处于不断进化的过程中，因此有些疾病的确诊以及治疗方案的确定是有困难的。借助大数据平台，医生可以大量收集过往诊断病例与治疗方案，以及各种患者与各种病症的基本特征，基于此，能够建立起针对不同病症的分类数据库。

图 4–2　大数据的应用场景

借助分类数据库，医生能够更快地诊断病情。同时，医疗大数据能够推动医疗企业研发出更具针对性、更有效的医疗器械以及药物。

2. 大数据零售，打造新零售

受线下门店租金较高、线上电商抢占市场等因素的影响，传统的线下零售进入瓶颈期。然而，随着互联网流量趋于饱和，线上电商的发展也受到了一定程度的限制。因此，零售行业需要向更加灵活、智能的新零售转型。大数据等数字化技术，是零售行业转型的关键。

首先，大数据能够帮助企业更加高效地挖掘市场需求。挖掘市场需求是企业研发产品、进行生产的前提。只有充分了解市场需求，企业才能够生产出适销对路的产品，避免产品积压。运用大数据技术，企业能够收集到消费者产生的各种数据信息，如兴趣爱好、消费偏好、消费习惯等。对这些数据信息进行整合分析，企业便能够总结出消费者的消费倾向，从而进一步挖掘出市场需求。

其次，大数据技术对用户数据的整合分析能够帮助企业进行精准营销。利用大数据，企业能够将消费倾向相同的消费者进行细分，对不同消费群体进行精准的广告推送，使营销广告与对产品的兴趣较为浓厚的消费者产生连接。这样一方面能够提升广告营销效果，降低营销成本；另一方面能够帮助消费者少接收不感兴趣的广告，使消费者的消费体验得到提升。

最后，大数据能够打通线上线下渠道，打造新零售生态。实现新零售的一个关键就是线上线下渠道的畅通。在传统零售中，线下门店与线上门店之间是割裂的，线下门店的会员体系与线上门店的会员体系没有打通，消费者难以获得优质的消费体验。

而大数据能够打通线上线下渠道，为消费者提供更加多样、灵活的选择，进一步优化门店的会员体系，增强消费者的黏性，从而提高商品转化率与复购率。

总的来说，大数据技术能够为零售行业带来新的生态，使零售行业向着数字化、智能化的方向发展，更好地满足市场需求。

3. 大数据交通，出行更畅通

近年来，我国智慧交通的发展速度不断加快。大数据技术在智慧交通发展过程中发挥重要作用，能够被应用到交通行业的众多场景中。

一方面，大数据结合智能传感器，能够快速获取道路上车辆通行的密度。基于此，相关管理人员能够进行合理的道路规划与安排，导航软件能够为处于驾驶状态的用户提供不同情况下的行车规划。

另一方面，大数据分析平台的科学运算能够实现交通信号灯的即时调度，提高道路通行能力。而且，交通信号灯的科学安排能够有效降低事故发生概率。

衣、食、住、行是人们日常生活中必不可少的四大要素，在生活节奏很快的当下，交通的重要性不言而喻。因此，大数据与交通领域的结合能够打造更加通畅、高效的智能化交通体系，为人们的出行提供更多便利，满足人们在新时代的多样化出行需求。

4. 大数据教育，因材施教

大数据的应用已经拓展到教育行业。在课堂上，大数据能够帮助教师总结教学经验，以规避经常出现的问题，提升教学质量。同时，大数据还能够为教育行业重大决策的制定及教育改革提供有力的技术支撑。

大数据技术在教育行业有许多应用场景，例如，探索教育开支与教学效果之间的关系、探索不同教学风格对学生成绩的影响、探索不同教育政策下学习氛围的差异等。这些都需要通过采集、分析大量数据并反复验证才能够得出结论。

大数据还能跟踪学生的学习情况，帮助学校与教师对学生的学习情况进行评估；分析学生适合何种学习模式与方法，为教育教学工作的开展提供坚实依据。

除了医疗、零售、交通、教育四个行业，大数据在其他行业也有着广泛的应用。未来，随着大数据技术的发展，它将在社会中起到更重要的作用，成为社会发展进步的重要推动力。

4.1.3 大数据与人工智能相辅相成

人工智能的发展离不开大数据这一要素，大数据为人工智能提供数据支持。而人工智能为大数据提供智能算法，提升数据分析效率。二者相辅相成，具体体现在以下三个方面。

1. 人工智能与大数据

在经济与科技快速发展的今天，很多人工智能应用平台都融合了大数据技术。这不仅给很多初创企业带来新的发展机遇，还给很多大型互联网企业提供了“换道超车”的机会。

相关调查表明，近几年，世界500强企业在大数据领域的投入呈指数级增长。出现这一现象的主要原因是，在互联网时代，大数据技术是企业发展的核心战略，影响着企业在市场上的核心竞争力。由于人工智能逐渐成为影响企业核心竞争力的重要因素，一些企业，尤其是生产制造型企业，将发展重点向人工智能相关技术、应用的研发方面转移，搭建智能化的操作系统成为其转型升级的必由之路。

随着人工智能与大数据融合程度的加深，与前几年相比，现在的人工智能行业应用市场已经截然不同。未来10～20年，由大数据支撑的人工智能应用会更加普遍，人工智能将会给全球范围内的各个行业带来颠覆性的变革。

2. 人工智能离不开大数据

无论是对于企业的发展还是对于社会的进步来说，人工智能和大数据都称得上颠覆性技术。

人工智能与大数据这两大现代技术的融合速度很快。仅几年时间，两者的结合就能为深度学习注入动能、驱动数据库的更新等。人工智能可以推动大数据行业不断向前发展，大数据行业也对人工智能有反作用，两者相辅相成、共同发展，推动人类社会从互联信息时代进入智能信息时代。

放眼未来，人工智能技术将实现新的突破，迎来新一轮发展高潮。大数据与人工智能的迅速发展与快速融合，将深刻地改变人类社会，并成为各国经济发展的新引擎、国际竞争的新焦点。

3. 大数据 + 人工智能 = 新的行业机遇

人工智能与大数据的融合发展是大势所趋，将为各行各业带来新的发展机遇，甚至催生出新的行业。未来，大部分行业都将随着两者的融合而转型升级，更多的产业与商业模式将会出现。

人工智能与大数据目前正处于爆发性增长阶段，这给众多企业与投资商带来了发展机遇。同时，随着企业与新兴产品的数量不断增加，这两项技术向更多领域渗透。我国人工智能产业起步较晚，但发展势头迅猛。我国企业需要积极培养高科技人才，以技术创新驱动企业长效化发展。

中国信息通信研究院发布的相关数据显示，我国人工智能企业的业务大多集中于视觉、语音和自然语言处理领域。其中，视觉领域占比高达 43%，语音和自然语言处理领域共占比 41%。在人工智能技术创新发展的趋势下以及 BAT 等巨头的带领下，我国很多企业都依据自身的数据优势布局人工智能业务，以提高竞争力，抢占更多市场份额。

4.2　人工智能与大数据的“化学反应”

人工智能与大数据都是当前数字时代的新兴技术，二者独立发展的同时又相辅相成。一方面，大数据技术能够提高人工智能算法训练的速度，促进人工智能迅速发展；另一方面，人工智能技术能够拓展大数据的应用边界。二者共同发展，能够产生奇妙的“化学反应”。

4.2.1　大数据提高算法训练的速度

当前，人工智能处于发展的关键阶段。在这个阶段，大数据、云计算和深度学习对人工智能技术的发展有着重要的促进作用。

奇虎公司的创始人周鸿祎认为，如果没有大数据的支撑，人工智能就是空中楼阁。这表明了大数据技术的重要性。大数据是人工智能发展的基础，如果缺少大数据技术的支撑，那么人工智能就会成为无源之水、无本之木。

任何技术的发展都有学习、积累的过程。近年来，人工智能迅猛发展离不开多年的大数据积累。在过去，由于处理速度慢、数据量小，人工智能很难进行高质量工作，而发展到今天，大数据能够为人工智能提供大量的数据资源，使人工智能有了进一步发展的基础。

同时，大数据还能为人工智能提供强大的计算能力与存储能力，提高算法训练的速度。以往，人工智能的算法大多是依赖于单机存储的单机算法，大数据出现后，建立在集群技术上的分布式存储与分布式计算提升了人工智能的存储与计算能力。加之各类智能感应器与数据采集技术的迅猛发展，大数据能够获取各种领域内更具深度、更精细的数据，为人工智能进行更加高效的算法训练奠定基础。

与传统的具有计算能力的数字化技术相比，人工智能是完全建立在自行构建的数据模型上的，这决定了它具有高度灵活的特点。同时，人工智能能够通过大量的算法训练与深度学习不断得到优化，根据这一特点，大数据技术收集的海量数据便能够帮助人工智能进行特定领域的反复训练，从而提升人工智能的智能化水平。

4.2.2 借助大数据完善决策体系

随着市场变化速度不断加快，越来越激烈的市场竞争对企业的市场响应速度提出更高的要求。要想获得更为突出的竞争优势，企业便要具备更强的市场洞察力，以及更加灵活的产品生产调度能力。这就需要企业尽量缩短决策周期，借助数字化技术完善自身决策体系。

大数据技术在企业决策中起着极为重要的作用。首先，大数据能够帮助企业获取互联网上实时产生的电商交易数据、消费者交互数据以及竞争对手的市场表现数据等；其次，大数据能够获取上市公司向公众发布的企业财务数据等行业情报；再次，大数据能够获取政务公开网站上发布的行业运行数据、宏观经济政策等信息；最后，大数据还能够获取各类财经媒体、专业期刊等发布的能够帮助企业进行决策的有关信息与情报。

传统的决策体系大多是基于企业发展的历史经验或外部的反馈数据分析结果构建的。这样的决策体系虽然行之有效但是效率较低，市场反应能力与规避风险能力较差，难以应对当前激烈的市场竞争。

无论是传统的生产制造企业还是高新技术企业，面临的市场竞争压力都很大，情报的搜集分析已经成为各企业应对市场竞争的重要手段。只有通过大数据技术及时、大量地获取市场信息与竞争对手的情报，企业才能够快速制定产品开发决策，第一时间抢占市场先机，构筑起核心竞争力。

作为国际著名大众快时尚服装品牌，ZARA 基于大量时尚情报建立了快速决策和生产一体化体系。运用大数据技术，ZARA 的相关部门能够在全球范围内收集来自各个渠道的时尚信息，通过对数据的整合与分析，将时尚信息输出给设计团队，为设计团队提供设计灵感。设计、采购、市场部门的密切协作与快速决策，最大限度缩短了生产周期，使 ZARA 拥有了快速响应市场的能力。

ZARA 的核心竞争力就在于快速、时尚、平价。ZARA 之所以能以较低的价格以及较高的品质迅速打入各国年轻群体消费市场，与其拥有快速设计与生产的能力息息相关。

大数据时代的企业决策体系是建立在充分挖掘市场信息以及充分获取竞争对手情报的基础上的。运用大数据技术建立起高效的决策体系，企业才能够快速应对不断变化的外部环境，及时做出正确的经营决策。

4.2.3 人工智能拓展大数据的应用边界

经过多年发展，大数据技术已经渐趋成熟，有着十分广阔的应用场景。而人工智能以指数级增长的计算力促使大数据的应用深度不断加深、应用边界不断扩大、落地的速度不断加快。

例如，在医疗领域，人工智能与大数据的结合能够提供更为丰富的医疗服务，如医疗机器人、医学影像分析、辅助诊疗等；在新零售领域，人工智能与大数据的结合能够提升消费者人脸识别的准确率，帮助商家更好地把控商品销售情况以及消费者的消费情况；在交通领域，人工智能与大数据的结合能够实现智能流量预测、智能交通疏导等，实现对交通网络更加智能化的控制。

人工智能与大数据的融合，能够进一步挖掘数据的价值，使大数据技术的发现、分析、理解与决策能力进一步提升，从而能够从数据中获取更为准确、深层次的信息，催生出新模式与新业态。

ImageNet 是斯坦福大学的 AI 专家李飞飞与其团队共同打造的 AI 视觉识别

系统。该视觉识别系统能够智能识别图片中的物体，功能十分强大。

李飞飞一直致力于AI视觉的研究。起初，李飞飞与她的团队用数学的语言帮助计算机“理解”图片。例如，他们通过数学建模的方法，将猫的特征，如圆圆的脸、胖胖的身体、两个尖尖的耳朵、一条尾巴等输入计算机中。但由于这样的描述过于共性化，计算机不能识别。

另外，如果小猫换了一个卧着的姿态，计算机也不能够识别出来；如果有一条小狗在追逐小猫，计算机视觉就更容易混淆这两种动物。可是，2～3岁的儿童能够很好地区分这两种动物，也能够记住很多其他动物。

经过仔细分析，李飞飞团队认为，AI视觉能力的提升离不开海量的训练数据。因为儿童的视觉识别能力是其父母和其周围的其他人不断训练的结果。于是，李飞飞团队与普林斯顿大学的李凯教授合作，进行ImageNet项目的开发。

为了使ImageNet项目达到良好的效果，团队成员从互联网上下载了上亿幅图片。同时，他们用了3年的时间对图片进行加工处理。在这3年里，他们一共邀请了来自167个国家的5万名工作者进行互联网图片的筛选、排序和标注。经过周密的部署与数据统计，他们将这些海量的数据分为2.2万个图片类别，建成了一个超级图片数据分析库。

之后，李飞飞与她的科研团队又重新利用算法优化处理这些海量的图片数据资源。最终，ImageNet智能图像分析平台能够精准地识别出物体。

ImageNet是AI视觉发展的根基。如今，许多智能设备都具有图像识别功能。例如，百度网盘具有强大的图片识别功能，可以智能地将用户上传的图片进行分类整理。用户在使用产品时，会感到轻松、便捷。ImageNet给人们生活带来便利，为生活增添美感与趣味。

ImageNet就是人工智能与大数据紧密结合的体现，通过人工智能的应用与大数据提供的海量信息，成功实现了应用深化。大数据能够为人工智能的发展提供数据基础，人工智能能够拓展大数据的应用边界，二者相辅相成、共同发展。

4.3 AI时代，企业要拥抱大数据

大数据是人工智能发展的关键要素。立足于当前的人工智能时代，作为市

场竞争与技术研发的主体，企业想要在人工智能时代获得发展先机，就要积极拥抱大数据。企业积累的数据资源是人工智能训练的基础，能够促进人工智能的发展，使机器懂人心、会推理，给企业创造更多收益。

4.3.1 大数据让机器更懂人心

当前，大数据产业正处于蓬勃发展的阶段。随着数据规模不断扩大、种类不断增多、数据分析速度不断加快、处理能力不断提高，大量积累的数据为人工智能的发展提供了“燃料”。以人脸识别所需要的训练图像数量为例，百度训练人脸识别系统需要2亿幅人脸画像。

若是失去了大数据的支撑，人工智能的发展将会停滞不前。可以说，大数据技术为人工智能的发展提供了丰富的训练资源，让机器更懂人心。

正所谓熟能生巧，人类想要获得一定的能力就必须经过不断的训练，人工智能也不例外。人工智能的根基就在于大量训练，只有通过大量训练，才能使神经网络总结出规律，从而应用到新的样本上。数量庞大且能够覆盖各种应用场景的数据是人工智能构建智能模型的基础。

如今，人工智能技术推动智能手机不断更新换代。智能手机不再是仅能联网的移动终端，还能与其他智能设备连接，形成协同效应，助力人们享受智慧生活、实现智慧办公。同时，依靠大数据技术，手机中的人工智能更懂人心，能够明晰用户发出的指令，为用户提供更为灵活多样的解决方案，成为用户日常生活中的助手，甚至伙伴。

Bixby中文版是三星发布的人工智能平台，功能十分丰富。用户能够利用手机Bixby购物、发微信、打电话等。如果用户已经开启手机中的Bixby功能，那么直接对手机下达“选择图片发布朋友圈，并表达愉快的心情”的指令，手机就能够自动发布一条这样的朋友圈，且准确率非常高。也就是说，你所看到的朋友账号中的图文并茂的朋友圈，极有可能是人工智能发布的。

手机中的人工智能还具备智能情景的功能，能够自动了解用户状况，并在恰当的时刻给予用户提醒，如同真人秘书一般。例如，用户在网上预订了一张机票，手机人工智能能够自动从航空公司发送的订票信息中提取航班号、出行时间等信息并将其标注到手机日历上。在出发前一天，手机便会自动向用户发出提醒，使用户能够充分做好准备。

同时，手机人工智能还能够根据用户平时表现出的喜好与倾向，为用户提供锁屏壁纸随机更换等功能。这些功能都是经过大数据不断训练的结果。正是由于人工智能具备超强学习能力以及交互式的学习机制，因此其能够根据用户的使用习惯不断学习进化，从而使用户获得更好的使用体验。

4.3.2 如何高效利用大数据

大数据的崛起为人工智能的发展提供了丰富的资源。Talking Data 是一家专注于移动互联网综合数据服务的科研企业，其技术团队十分注重数据资源的挖掘、积累与优化。

该企业技术团队负责人认为，无论是人工智能技术还是虚拟现实技术，或者是自动驾驶等高新技术，都离不开对数据的深刻理解和应用。没有海量数据的支撑，人工智能不可能在近年来快速发展；没有对人类驾驶行为数据的学习，自动驾驶只是空中楼阁。由此可见，大数据技术十分重要。

随着科技的发展，大数据的内涵有了深刻的变化。如今的大数据，信息量越来越大，数据的维度也越来越多。例如，大数据技术不仅能够捕捉图像、声音等静态数据，还能够捕捉人们的语言、动作、姿态以及行为轨迹等动态数据。

传统的数据处理方法已经不能很好地处理这些纷杂的数据。在人工智能时代，大数据技术需要融合人工智能技术，智能捕捉海量非结构化的数据，并进行优化处理，从而解决更多的现实性问题，为人工智能的发展与商业的变革做出更大的贡献。

想要高效利用大数据，企业应当从以下四个方面做起。

首先，要构建数据思维能力。人工智能产品的发展与人工智能商业的落地，都需要研发人员具有深刻的数据洞察力与理解力。把大数据技术应用于前期市场调查、产品设计、营销推广、用户跟踪等方面，人工智能产品才具有更多商业价值，才能产生更多的盈利。

其次，要积累数据科学技术。数据科学技术日新月异。在人工智能时代，人工智能产品的设计团队要紧跟时代潮流，不断积累数据科学技术，掌握最新的数据处理方法，让数据真正为自己所用。

再次，要用智能数据指导商业实践。数据的优化处理要与商业运营相结合。企业应根据数据分析的有效结论进行产品升级、完善，从而占领更广阔的市场。

最后，要获取最“新鲜”的数据。最“新鲜”的数据具有更强的时效性，能够带来更多的价值。企业要做好实时数据采集工作，迅速判断市场需求与形势，及时做出能够提升企业业绩的决策。

4.3.3 阿里巴巴：聊天机器人助力销售额激增

随着人工智能技术的落地，聊天机器人迎来了发展高峰。作为我国电商领域的巨头，阿里巴巴推出了一款名为“店小蜜”的智能聊天机器人，帮助平台内的各大品牌节约人力、物力成本，提高运营效率。

店小蜜的前身是阿里巴巴于 2015 年推出的客服机器人“阿里小蜜”。阿里小蜜主要被用于处理客户对公司的投诉以及提供咨询，但是它仅有文字回复的功能。而新推出的店小蜜的功能则更为强大，它拥有自然语言处理能力，能够根据卖家设定的店铺专属信息对客户提出的问题进行回复。此外，店小蜜还具有根据客户信息为其提供个性化产品推荐，为客户提供退货退款、修改订单等服务的功能。

在大量分析人工客服与客户的聊天内容后，店小蜜变得更加智能、更加人性化，能够与客户自然地交谈，甚至能够根据聊天情境发送合适的表情包，在客户选购商品和售后环节提供了极大帮助。

店小蜜是人工智能与大数据结合的成果。如今，在各大品牌的线上店铺中都有店小蜜的身影，如苹果、森马、小米、华为等。森马表示，当前将近 60% 的客户咨询业务都能够交给店小蜜处理。

与人工客服相比，全天候工作的智能聊天机器人能够对消费者的咨询做出更快的响应，购物更加方便快捷。对于卖家来说，智能聊天机器人能够有效提升消费者体验，从而提高消费者的留存率和商品转化率。此外，智能聊天机器人还能够对用户数据进行分析，助力卖家及时调整营销策略。

总而言之，为客户提供良好的消费体验是电商运营的关键，而智能聊天机器人能够为客户提供更优质的服务，对电商品牌销售额的提升有着积极意义。

第 5 章

物联网赋能：AIoT 携手共创未来

人工智能与物联网结合，催生了人工智能物联网。它的目的是创建一个智能的设备网络，在设备端引入人工智能技术，将收集到的数据转化为高价值的信息，以优化设备的决策过程，提升设备的智能化程度和快速响应能力，改善人机交互体验。人工智能物联网的出现，大幅提高了社会的智能化以及自动化水平，在交通、自动驾驶、可穿戴设备等领域为人们的生活带来更大便利。

5.1 物联网概述

物联网是信息科技产业的第三次革命，它指的是利用信息传感器和互联网将所有物品连接起来，以实现智能化识别和管理。接下来就对物联网的基本概念和技术架构进行详细介绍。

5.1.1 物联网的定义与价值

物联网是互联网的延伸和扩展，它将各种信息传感设备与互联网连接起来形成一个巨大的网络，实现在任何时间、任何地点，人、机、物的互联互通。简单来说，物联网就是让世间万物和互联网产生连接。

20 世纪末，物联网这个概念在我国出现。当时的物联网被称为传感网，它是通过射频识别传感设备在约定的协议下将物品与互联网连接，进行信息交换，从而实现物品的智能化管理。

现在的物联网已经不是“物品与互联网连接”这么简单了，而是“物物相连”，目标是实现物品与物品、物品与人之间的连接。例如，当你躺在床上不愿动时，只要说一句“扫地机，帮我打扫卫生”，扫地机器人就会自动开始工作；在你出门后，家里的电视机、空调等会自动切断电源；晚上睡觉前，你只需要说一句“关灯”，灯就会自动关掉。

物联网可以让任何物品“听懂”人的指令，并高效执行。物联网真正的价值不在于“物”，而在于“网”。传感器网络可以收集并分析物联网终端的传感器生成的数据，它就像一棵树的根茎，从四面八方收集数据，并向互联网发送数据。这些数据是企业宝贵的资产。

物联网有两个价值：一是为企业提供丰富的数据，帮助企业理解未知事物；二是解放人力，帮助人们完成很多乏味的任务，让人们能把精力用于更重要的工作。目前，物联网已经在很多行业落地应用，如医疗行业的可穿戴设备、电力行业的智能电网等。

随着物联网与人工智能的结合，物联网将具有更高的智能性，进而催生具有更高自主能力的“组织”。“组织”中的物品不仅可以联网，还可以自主决定下一步做什么，具备自我反应、自我感知、自我预测等能力。

未来，AIoT 将是一个潮流。对于企业来说，这是一个绝佳机遇。企业需要了解物联网的真正价值，然后充分利用物联网实现更好的发展。

5.1.2 万物互联已经实现了吗

约翰·奈斯比特曾经在自己的著作《大趋势》里写下很多预言，《金融时报》证实，其中的大部分预言都已经成为现实。约翰·奈斯比特说过这样一句话：“你们以为我预言的都是未来，其实我只是把现状写下来，20 年来我所写的都是已经发生的事情，我所要分析的就是哪些事会长久地影响社会。”而且，他十分坚定地认为“未来构筑于现在”。

一些科幻电影中出现万物互联的场景，在“互联网 +”的助力下，终将成为现实。在这背后，除了海量信息在全球范围内无成本流淌，还有人与人、人与物、物与物的无限自由连接。

但是，万物互联真的已经实现了吗？其实并没有，一切才刚刚开始。未来，所有事物都会通过物联网连接起来，包括电脑、手持的仪器、眼镜、衣服、鞋子、墙等，甚至一头牛都有可能被连接在物联网上。

如今，每个人平均有两台移动设备，到 2040 年，每个人拥有的移动设备会达到上千个，所有事物都会通过这些移动设备连接起来。到那时，任何数据都会被存储在处理速度非常快、容量非常大的云终端。

上述场景非常有吸引力，而事实也证明，互联网的确正以较快的速度向万物互联进化。在这种情况下，人与人之间的连接变得越来越紧密，连接方式也越来越多。

从人类生活的角度来看，万物互联不仅实现了生活的智能化，还提升了人类的创造能力。人类可以在享受高品质生活的同时做出更合理的决策。

从企业的角度来看，万物互联可以帮助企业获取更有价值的信息。这不仅可以大幅降低企业的运营成本，还可以提升用户体验。

由此看来，万物互联确实拥有广阔的市场。思科提供的数据显示，2015—2025 年，万物互联在全球范围内创造的价值将达到 19 万亿美元，其中商业领域的价值为 14.4 万亿美元。不过，现在与互联网连接的事物还不到 1%，万物互联还没有真正实现。

5.1.3 物联网的技术架构

物联网的技术架构由感知层、网络层、平台层、应用层组成。有了这四个层次技术架构的推动，物联网才可以获得如此迅猛的发展。物联网已经逐渐成为人类社会中一项必不可少的技术，能够为企业创造更大的价值。

1. 感知层：物联网的“五官”

感知层是物联网的“五官”，具备采集信息、感知与收集数据的能力。与其相关的技术包括 MEMS（Micro-Electro-Mechanical Systems，微机电系统）和 RFID（Radio Frequency Identification，射频识别技术），这两项技术已经在一些领域实现大规模落地应用。

MEMS 主要是指可以批量制作的，集微型机构、微型传感器、微型执行器、信号处理与控制电路、通信、电源于一体的微型系统。

MEMS 的主导产品为压力传感器、加速度计、微陀螺仪、墨水喷嘴、硬盘驱动头等，这些产品的销售额和销售量都呈现增长的趋势，为机械电子工程、精密机械及仪器、半导体物理等学科的发展提供了绝佳机会。

在物联网的感知层中，射频识别技术是“排头兵”。物联网的兴起带动了射频识别技术的发展，其市场规模不断扩大。

射频识别码是射频识别技术的关键应用，企业将信息存储在射频识别码中，读写设备便可通过无线信号与射频识别码交换这些信息。射频识别码体积比较小，而且比普通条形码存储的信息更多，现在已经成为普通条形码的替代品，在很多行业中得到了广泛应用。

2. 网络层：物联网的“交通枢纽”

网络层需要与互联网融合，其核心和基础就是互联网。网络层包含无线模组技术和通信技术，可以将信息传输出去。物联网的关键在于物与物的连接，网络层能够起到这一作用。

无线模组技术是连接感知层和网络层的重要技术，可以让终端设备具备传输信息的能力。其属于底层硬件，具有不可替代性。在无线模组技术的助力下，芯片、存储器、功率放大器等设备都可以集成在同一个线路板上，从而实现通信、定位等功能。

通信技术要能够赋能物联网，满足物联网与其他设备或技术融合的需求。通信技术将与物联网相互渗透，共同为人们的学习、工作、生活提供更便利、高效的智能化与自动化服务。

为了更好地赋能物联网，通信技术要具备灵活性与拓展性，这样才能更好地满足各类设备的连接需求。5G 是具备灵活性与拓展性的通信技术，其与物联网深度融合可以让物联网发挥更重要的作用。例如，爱立信曾经利用宽带物联网技术控制船舶，实现对船舶的远程管理。

3. 平台层：物联网的“连接按钮”

在物联网技术架构中，平台层相当于一个“连接按钮”，起到承上启下的作用。它不仅能够帮助智能设备实现管理、控制、运营一体化，为应用开发者提供统一接口，将终端和业务端连接起来，还可以为业务融合、数据价值孵化提供条件，有利于提升产业的整体价值。

平台层主要由 CMP（Connectivity Management Platform，连接管理平台）、DMP（Device Management Platform，设备管理平台）、AEP（Application Enablement Platform，应用使能平台）、BAP（Business Analytics Platform，业务分析平台）四个部分组成。这四个部分是连接应用开发者与终端的重要工具。

连接管理平台（CMP）以运营商的网络为基础，可以提供可连接性管理与优化、终端管理、运营维护等服务。该平台具有资源管理、SIM 卡管理、连接资费管理、套餐管理、网络资源用量管理、账单管理、故障管理等功能。目前，知名的连接管理平台有思科的 Jasper 平台、爱立信的 DCP、沃达丰的 GDSP、Telit 的 M2M 平台、PTC 的 Thingworx 和 Axeda 等。

设备管理平台（DMP）主要对终端进行管理，即用户管理和物联网设备管理。该平台通过远程监控、配置调整、软件升级、故障排查、生命周期管理等功能帮助企业实现系统集成和增值开发。此外，该平台可以帮助企业分析设备产生的数据，在出现问题时及时报警，避免企业遭受不必要的损失。目前，知名的设备管理平台有 IBM Watson、百度云等。

应用使能平台（AEP）为公司提供了大量的中间件、开发工具、API 接口、应用服务器、业务逻辑引擎等。但企业要想使用该平台，通常需要有相关硬件，如网络接入环境等。目前，AEP 提供商有艾拉物联、机智云、AWS IoT 等。

业务分析平台（BAP）主要通过大数据、机器学习等技术挖掘数据的价值，并以图表、报告等方式对其进行可视化展示。由于人工智能不够成熟、数据感知层搭建的进度比较慢，因此，该平台还处于发展阶段，但已经出现了 GE Predix、IBM Watson 等经典应用。

4. 应用层：物联网的“处理机器”

应用层位于物联网技术架构的最顶层，其功能为“处理”，即对信息进行处理。应用层可以对感知层的数据进行计算，从而实现对物理世界的实时控制与精确管理。物联网的应用层可以分为消费驱动型和产业驱动型两种，二者各有特点，公司可以从中挖掘商机。

消费驱动型物联网对人们的衣、食、住、行等各方面产生影响，在一定程度上使人们的生活更加智能化。例如，智能音箱、智能冰箱等产品受到人们欢迎，是当前较为流行的物联网终端设备。

工业物联网是产业驱动型物联网的重要组成部分，其将传感器、控制器及先进技术融入生产过程，为公司节省了时间和成本。根据 GE 的 1% 理论，时间和成本减少 1% 都能够为公司带来非常大的价值。

5.2 当人工智能遇到物联网

人工智能与物联网是相互依存、共同发展的关系。二者结合，将会激发强大的创新能力，设备将更智能，用户体验将更好。

5.2.1 人工智能 + 物联网 = 强大创新能力

物联网的发展是有迹可循的，即从机器联网到物物联网，再到万物互联。其与人工智能的融合也有规律，具体可以分为三个阶段，如图 5-1 所示。

1. 单机智能

在单机智能阶段，除非用户发起交互请求，否则设备与设备之间是没有联系的。换言之，设备需要感知、识别、理解用户的指令（如语音、手势等）才可以执行相应的操作。例如，传统冰箱需要我们转动按钮才可以调节温度，现在的冰箱已经实现了单机智能，我们只需要通过语音的方式便可随意调节温度。

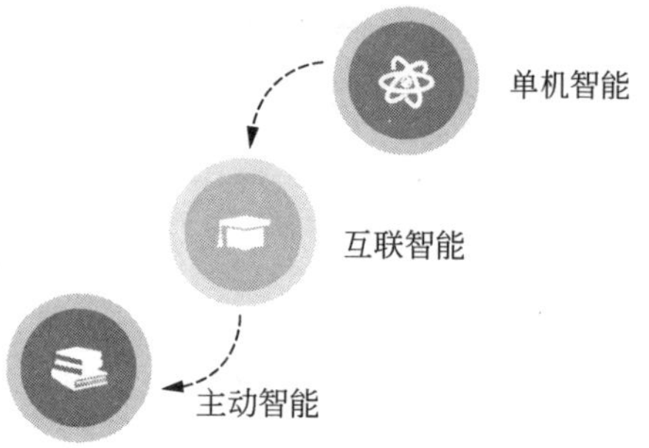

单机智能
互联智能
主动智能

图 5-1 物联网与人工智能融合的三个阶段

2. 互联智能

互联智能是指相互联通的产品矩阵，即“一个中控系统与多个终端”模式。例如，卧室的空调和客厅的智能音箱相互联通，共用一个中控系统。在这种情况下，当我们在卧室对空调说“开启睡眠模式”时，客厅的智能音箱会自动关闭。在互联智能阶段，设备与设备之间有联系，可以共同感知、识别、理解用户的指令，并执行相应的操作。

3. 主动智能

在主动智能阶段，设备就好像用户的私人秘书，可以根据用户画像、用户偏好等信息主动提供适合用户的服务。例如，洗漱台前的智能音箱会为你播报当日的天气情况，并根据你的穿衣风格为你提供穿衣建议。这意味着设备具有自学习、自适应、自提高等多种能力，可以满足用户的个性化需求。与单机智能和互联智能相比，主动智能真正实现了设备的智能化。

主动智能是未来的发展趋势，由此产生的大规模数据分析需求是很难被满足的，而如果数据无法转化为有效信息，就没有太大的价值。在这方面，人工智能发挥着非常重要的作用，解决了大规模数据分析的难题，使物联网得到更好的应用。

近几年，物联网与人工智能一直保持着比较稳定的发展，二者的结合能激发强大的创新能力。物联网和人工智能都是当下热门的话题，人工智能帮助物联网更智能、高效地工作，物联网则成为人工智能落地应用的中坚力量。

我们不妨预测一下，物联网与人工智能融合，将催生哪些新事物。

预测 1：语言学习（在家里与教练或老师沟通）

物联网和人工智能让我们可以在家里与教练或老师沟通，我们也可以和世界各地的人比赛。在这种情况下，学习将变得更方便、自由。

预测 2：自动翻译耳机（无障碍的虚拟海外旅行）

在物联网和人工智能的帮助下，虚拟旅行将成为可能。但是我们与当地人存在语言障碍，会影响我们的旅游体验。随着物联网和人工智能的融合，自动翻译耳机将出现。未来，自动翻译耳机的翻译准确性会得到极大提高，翻译速度也会不断加快，从而让无障碍的虚拟海外旅行成为现实。

预测 3：现代化购物（在家里测量尺寸，买到适合自己的衣服）

如果网上购物和物联网、人工智能融合，我们就可以在家里测量尺寸，系统会根据我们的喜好为我们推荐相应的衣服，我们可以找到自己最喜欢的款式。

预测 4：运动 / 饮食（可穿戴设备和智能机器人的辅助）

在物联网时代，可穿戴设备将成为我们的教练，鼓励和督促我们适度锻炼。此外，智能烹饪机器人会辅助我们做出健康、美味的食物，这有利于改善我们的健康情况。就像吸尘器和洗衣机让做家务变得更轻松一样，未来，可穿戴设备和智能机器人会进入我们的生活并成为我们的助手，使我们的生活更舒适、快乐。

5.2.2 物联网是迈向普适计算的关键一步

普适计算又称普存计算、泛在计算等，它主张计算应该和环境融为一体，而计算机则从人们的视线中消失。在普适计算下，人们能够在任何时间、任何地点通过各种方式获取与处理信息。

而从现有计算迈向普适计算，物联网是关键的一步。

目前，人们对物联网的关注主要集中在可以连接互联网的产品上，如无人机、传感器等。然而，重要的并不是产品本身，而是让两款没有关联的产品实现交互，并且能自动控制交互的网络。物联网让我们朝着普适计算的方向更进一步。

例如，自动驾驶汽车使用 Waze 等应用程序获取交通信息，自动规划路线，将乘客送到目的地。此外，自动驾驶汽车还可以在行驶过程中观察其他车辆、交通状况以及接收新闻，实现随着环境的变化进行计算、获取信息。

再如，核电站会根据需求监测并调整输出的能量，然后进行数据分析，定期维护。在这个过程中，自我诊断系统会自动检查出现错误的应用程序日志，在没有人工干预的情况下自动修复系统。这样核电站就可以实现根据环境变化自动监测、修复，避免核事故发生。

物联网与人工智能的融合，让物与物实现了自动化连接，离普适计算主张的计算与环境融为一体更近了一步。随着物联网越来越智能，随时随地处理信息的目标终会实现。

5.2.3 人工智能广泛应用于物联网设备

将人工智能应用在物联网设备上的目的是收集数据并将其传输到云端，用以指挥设备做出决策或行动。

下面具体讲述 AIoT 设备的决策步骤，如图 5–2 所示。

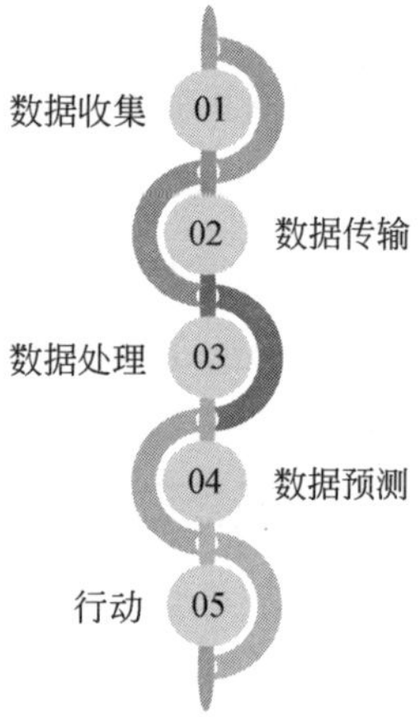

图 5–2 AIoT 设备的决策步骤

1. 数据收集

物联网设备通过内置传感器收集数据，一个设备可以有多个传感器，以收集不同类型的数据。

2. 数据传输

收集的数据量非常大，通常需要传输到云端进行存储，以节省安装硬件存储数据的成本。

3. 数据处理

存储在云端的数据需要经过处理才能发挥作用，包括从云端提取相关数据、清理异常数据、转换数据格式等。

4. 数据预测

利用处理后的数据建立相关模型，就可以实现对事件结果的预测。在这一过程中，机器学习和深度学习算法是数据预测的关键。

5. 行动

最后一步就是让设备根据预测结果采取行动。

将人工智能广泛应用于物联网设备，有助于设备从收集的数据中获得有价值的信息，采取更加明智的行动，从而为用户提供更加优质的服务。

将人工智能应用于物联网设备的优点如下。

1. 改善用户体验

AIoT 设备可以学习用户偏好并据此调整自己的行动。例如，智能恒温器能够在没有人为干预的情况下调节温度，使室内一直保持适宜的温度。

2. 提供“互联智能”体验

人工智能嵌入物联网，可以为用户提供更多“互联智能”的体验。预测分析、规范性分析、适应性分析等功能，都可以由单个设备实现。

3. 降低计划外停机时间

在工业生产中，机器故障停机是常见的问题。计划外停机的时间越长，损失的机会成本越多，甚至可能导致整条生产线被迫终止工作。而 AIoT 可以完美地解决这个问题，它可以持续监控所有设备，预测机器故障并及时进行维护。根据德勤的调查，预测性维护可以提高设备 10% ～ 20% 的可用性，降低 5% ～ 10% 的整体维护成本。

4. 创造新的产品和服务

人工智能嵌入物联网可以创造出新的产品和服务。这些产品和服务具有收集和分析数据的能力，可以根据具体情况做出智能、接近人类的决策。例如，麻省理工学院人工实验室开发的 iRobot Roomba 就使用了物联网和人工智能技术。这个机器人真空吸尘器配备有一套嵌入式传感器，可以检测路上的障碍物和地板上的污点，根据房子的布局选择合适的清洁路线和清洁方式。

5. 实时监控和操作

人工智能物联网设备也有助于实施严格的监控活动。例如，在用户选择路线时，Google 地图会监控实时交通，帮助用户选择到达某个地方最合适的路线。

5.3 “人工智能 + 物联网”案例分析

人工智能与物联网的结合在许多领域都有实际的落地应用，如智慧交通、自动驾驶、可穿戴设备等。

5.3.1 智慧交通平台

交通是城市发展的命脉，但是交通拥堵、事故判定、停车难等问题频发，影响着人们的日常生活。AIoT 为解决交通问题提供了明智的解决方案，以它为技术基础研发的智慧交通平台能够检测交通事故、违章停车，甚至能根据人们的需要改变交通信号灯。

随着人工智能等技术与物联网进一步融合，智慧交通将焕发新的生机，例如，交通指挥中心信息平台出现。该平台有很多作用，具体可以从以下三个方面进行说明，如图 5-3 所示。

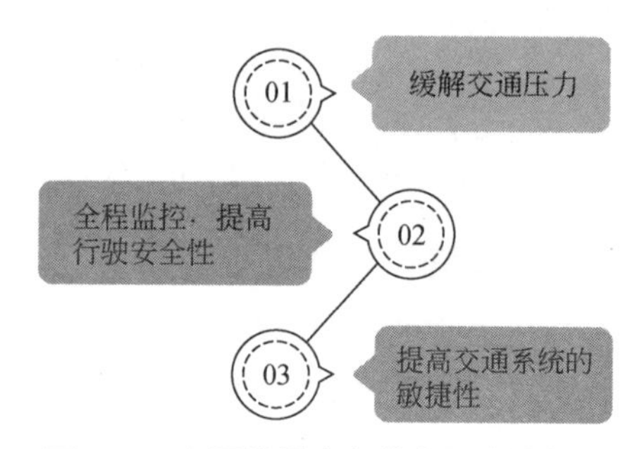

图 5-3 交通指挥中心信息平台的作用

（1）缓解交通压力。在交通指挥中心信息平台的助力下，交警可以获取更多有价值的交通信息，并以此为依据帮助司机及时改变行车路线，这样交通拥堵情况将进一步改善。

（2）全程监控，提高行驶安全性。交警可以通过交通指挥中心信息平台获取车辆位置、道路情况、车辆行驶轨迹等信息，交通领域的可视化和安全性将不断提高。例如，当在途车辆出现意外时，交警可以根据自己监测到的交通信息做出迅速反应，第一时间赶到事故现场。这样可以将损失降到最低，充分保证车辆和司机的安全。

（3）提高交通系统的敏捷性。在交通领域，随着设备个性化发展与交通信息不断积累，交通系统将变得更敏捷。交通信息积累得越多，交通系统给出的解决方案就越精准。再加上 5G 手机等设备的出现，交通系统的反应速度会比之前更快。

交通指挥应具备实时性，而物联网可以让这个目标顺利达成。具体来说，基于人工智能物联网的交通指挥中心信息平台可以整合相关参与者，使这些参与者的交通信息实现交换和共享，从而改善交通领域的现状。

交通指挥中心信息平台提供及时、有效的交通信息，有力地保障人们的出行安全，节省人们的出行成本，极大地推动智慧交通的发展。

5.3.2 自动驾驶汽车

1925 年，美国陆军电子工程师弗朗西斯·胡迪纳（Francis P. Houdina）研制出世界上第一辆无人驾驶汽车——“American Wonder”。他通过无线电波来控制“American Wonder”的方向盘、离合器和制动器等部件，实现无人驾驶。

这一次实验过程虽然与大家想象的结果差距甚大，但是这仍然被看作无人驾驶汽车的雏形。

自动驾驶行业能否突破瓶颈，与人工智能的发展息息相关。人工智能与物联网的结合可以实现无人驾驶领域信息共享，让收集到的无人驾驶汽车的数据更透明。

2020 年下半年，自动驾驶公司 Momenta 发布了“飞轮式”L4 级自动驾驶技术。该技术是 Momenta 实现规模化无人驾驶的关键，在自动驾驶领域有着非常重要的地位。

“飞轮式”指的是以量产数据、数据驱动的算法、闭环自动化为核心逐层推动 L4 级自动驾驶技术的运行（如图 5–4 所示）。随着数据的不断积累与算法的逐步升级，L4 级自动驾驶技术能够迅速迭代，实现“飞轮式”运转，最终达到无人驾驶汽车规模化落地的目标。

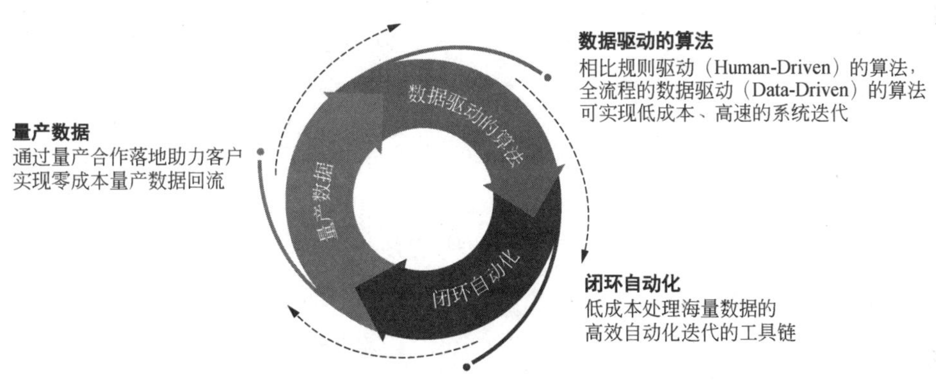

图 5–4　L4 级自动驾驶技术

Momenta 为 L4 级自动驾驶技术制定了众包迭代方案，这样不仅可以降低研发成本，还可以采集更多有价值的真实数据，推动软件和硬件持续升级。

此外，Momenta 还推出了量产解决方案——Mpilot 规划，包括高速路场景的自动驾驶解决方案 Mpilot Highway、城区场景的自动驾驶解决方案 Mpilot Urban、自助停车解决方案 Mpilot Parking 等。这些解决方案均以能够大批量生产的传感器为基础。

Momenta 将传感器搭载到自动驾驶汽车上，数据和算法之间形成闭环，对各种问题进行发现、记录、标注、训练、验证，整个过程是自动完成的，有利于提升 Momenta 的智能化迭代能力。

物联网与人工智能的结合让无人驾驶越来越智能化、数字化，平行泊车、自动刹车等将很快实现。未来，无人驾驶汽车很可能成为主流，让人们的驾驶更轻松。

5.3.3 可穿戴设备

《钢铁侠》中男主人公的生活令人向往，他的钢铁盔甲可以根据环境的变化立即做出相应的改变，能够让他在关键时刻转危为安。那套钢铁盔甲其实就是可穿戴设备的典型代表。

可穿戴技术已经落地应用，如智能手表、智能眼镜、智能头盔和可穿戴的智能机器人等。例如，英国维珍航空给员工配备谷歌智能头盔与智能眼镜，以提升员工的工作效率和乘客的满意度。员工戴上智能头盔后，可以通过该头戴设备，及时地为乘客推送最新的航班信息。

目前，可穿戴设备制造商正将长距离的蜂窝物联网技术集成到可穿戴设备中，以满足用户在户外运动等场景下的"独立性"需求。

在很多户外运动场景下，如长跑、马拉松等，运动员需要实时记录自己的生理体征变化数据，以分析自己的运动状态并加以改善。但智能手机体形较大，不利于在运动中携带，这就使得体积小、重量轻、佩戴方便、功能齐全的智能手表成为运动员的不二之选。

然而，传统智能手表中的无线通信技术以蓝牙为主，蓝牙具有高速率和低功耗的特点，但有严格的距离限制。它只能作为智能手机的辅助设备使用，一旦离主设备太远就无法独立使用，功能性、实用性等大打折扣。

而蜂窝物联网技术支持智能可穿戴设备与蜂窝基站连接，不需要通过智能手机承担网关的作用，解决了蓝牙无线通信连接距离短的问题。

随着人工智能物联网的发展，会出现更智能的可穿戴的智能机器人，它就像人类的机械外骨骼，会使我们的出行更加方便。机械外骨骼的原理很简单，它是根据人体关节结构研发出来的人工智能设备，通过调节机械外骨骼，就可以调整人们的步态模式。

例如，机械外骨骼可以调节人们的步速、步幅以及行走时的身体倾斜角度。这会使我们的运动更科学，我们的行走姿态更优雅。

未来，在人工智能进一步发展的情况下，我们可以穿着机械外骨骼毫不费力地攀登从未攀爬过的险峰；可以借助机械外骨骼在崎岖的山路快速行走；借助机械外骨骼，在旅途中我们能够轻松举起重物，身体的负担将会减轻。

第6章

区块链赋能：与人工智能相互成就

区块链和人工智能能够相互赋能，在很多场景都可以共同发挥作用。近些年，人工智能发展迅速，机器不断进化。随着社会复杂程度的提高，证实数据的真实性越来越难，也越来越重要。例如，利用现有的人工智能技术可以实现人脸造假（美图）、声音造假（声音模拟）等。

区块链技术可以很好地解决信任问题，可以对数据进行跟踪与记录，帮助用户辨别信息的真假。人工智能可以更好地优化和理解链上数据，例如，区块链可以运用自然语言处理技术实现人机交互，释放一部分人力。

6.1 区块链概述

区块链是许多个保存了一定信息的区块按照各自产生的时间顺序组成的链条。这个链条被保存在所有服务器中，整个系统中只要有一台服务器可以正常工作，区块链就是安全的。如果要修改区块链中的信息，必须征得半数以上服务器的同意，而这些服务器通常掌握在不同的主体手中，因此篡改区块链中的信息的难度非常大。区块链的特点是数据难以篡改及去中心化。基于这两个特点，区块链记录的信息真实、可靠，解决了人们互不信任的问题。

6.1.1 区块链的本质是分布式账本

人类社会发展的许多障碍，都是“互不信任”导致的。如果人类能解决互信问题，那么将步入更高阶段的文明。而区块链能够有效破解这个难题，推动人类进入机器信任时代。

什么是区块链？下面以一个简单的案例进行说明。

张先生家有四口人：张先生、张太太、张爷爷、张奶奶。每个人都在各自的账本上记录了大家的开支。由于张先生全家互不信任，每个人记录的数额都可能造假，于是张先生想了一个办法。张先生每次给张太太钱时都会大吼一声“张先生给了张太太 1000 元，请大家在各自的账本上记下”。这样，张先生家的每个人都变成一个节点，每次张先生家发生交易时都会被每个人（节点）记录一遍。

另外，在张先生家，每天晚上刷碗的人可以获得报酬，但必须在前一天大家都公认的一个账本后面写明交易内容才能获得报酬，而且其他人也会参与验证当天这个人是否刷了碗。

如果在这个过程中有人不承认别人的结果，或者伪造结果怎么办？例如，张太太故意说张先生没有给她 1000 元，或者张先生没刷碗却写自己刷碗了，这时其他人就会斥责他，拆穿他的谎言。

这个公认的账本只会增加记录不会减少记录，后续加入的家庭成员需要接着之前的记录增加记录。

综上所述，区块链其实是一个分布式的公共账本。它用代码构建了一个低成本的信任方式，区块链上的代码会自动帮我们验证信息的真伪，不需要再进行人为辨别，这样就可以低成本构建大型合作网络。

区块链可以生成以计算机语言而非法律语言记录的智能合同。例如，某人生前立下一份遗嘱，表示要在去世后且孙子年满 18 周岁时将自己的财产转移给孙子。若将此遗嘱记录在区块链上，区块链就会自动验证孙子的年龄，当这个人已经去世（在公共数据库等渠道检索到了离世证明）且孙子年满 18 周岁时，这笔资产就会自动转移到孙子的账户中，并且会强制执行，不会受外界各种因素的制约。

随着区块链和人工智能的结合，其想象空间更大。区块链可以为人工智能提供更好的运行方式和决策方式，使机器之间的通讯更加方便。

6.1.2 区块链是如何运作的

工业 4.0 时代已经到来，大数据、人工智能、物联网、5G、基因工程、量子工程等新技术开始融合。这些技术的融合都少不了区块链的参与，现在越来越多的科技界人士已经认识到区块链的巨大价值。

区块链的交易流程十分严密。网络流行之前，交易的方式大多是现场交易，即一手交钱一手交货；随着互联网的发展，人们可以通过电子银行、支付宝、微信支付等工具直接在线上交易。线上交易虽然为人们的生活带来了极大便利，但也存在一定的安全问题。在这方面，区块链的分布式账本就可以显现出优势，发挥强大的作用。

具体来说，每个节点分布式记账结束后，都会在区块链上留下记录，并自动生成交易订单。交易订单上记录着记账的节点与历史所有节点的全部信息，而且会自动传播至全网，并存储在区块链中。

区块链将哈希函数用于多种操作，在此基础上，区块链可以隐藏原始信息，解决了交易过程中的所有权验证问题，而且所有的记录、传输、存储结果都是唯一且真实的，信息一旦生成就无法修改。这能够很好地解决交易中的信任问题。

因为交易过程中每个节点的信息都被记录下来并保存，所以交易的每一步都是可以追溯的。这表明，如果交易出现了问题，通过对各交易节点信息的追溯就可以找出是在哪个节点出了问题。

区块链能够保证信息的真实性和可追溯性，在与其他技术的融合应用中，其在这两方面的巨大价值也能体现出来。人工智能、物联网等技术与区块链融合，将会使交易流程更加简便、交易过程更加透明。

6.1.3 如何理解区块链的去中心化

在区块链出现之前，数字货币具有可以被无限复制的特征，并且由银行等具有信任度的第三方金融机构来充当中心化的媒介，为交易双方的资产交易提供查询服务。在区块链出现之后，去中心化管理得以实现，区块链可以把数据以一个公共总账的形式记录下来，交易各方可以直接查看交易信息，无须借助第三方中心化金融机构。

去中心化是区块链的核心。以生物学中的细胞分化为例，细胞分化会形成不同的器官，从而在一个总的控制机制下实现复杂的功能，但是细胞不断分化就会降低器官功能。节点是构成区块链的基本要素，一个节点就相当于一个个体，个体的独立性会随着个体的不断分化而降低，去中心化能够保证每个节点的独立性。

在区块链中，所有的节点均对等，并且每一个节点的运行逻辑都相同，这便是去中心化的体现。然而这不是完全的去中心化，因为一旦某一节点和其他节点失去了关联，那么这一节点便会如细胞分化那样持续分化，直至变成区块链中的一个新的分叉。

为了避免上述问题发生，在保证区块链去中心化的同时可以适当对节点进行分工。这能够有效地提升区块链的运行速度和交易处理速度。

区块链依据时间顺序把数据区块组合成链式数据结构，并通过密码学的方式确保信息不可篡改。在区块链中，没有负责管理与控制的中心化机构，因为它使用了分布式核算和存储方式。

去中心化并非一个绝对的概念，区块链会依据去中心化的程度采用不同的共识机制。例如，比特币的共识机制是“工作量证明”。除了“工作量证明”，“权益证明机制”也是区块链共识机制的一种。在区块链中，所有的节点均采用同一个共识算法，从而保证节点数据的一致性，而去中心化则是通过用共识算法确定数据信任源的方式实现的。

与中心化系统相比，去中心化系统没有既定的数据信任源，所有的信任源都是通过一种共识算法选择出来的。区块链的这种数据信任源选择机制就如同竞争一般，共识算法是竞争规则，例如，比特币系统中的节点根据这一规则，参与竞争成为比特币中的“块”。这种数据信任源选择机制是判断一个系统是否为去中心化系统的有效方法。

尽管由共识算法选择出来的数据信任源不能被某一主体轻易控制，但这并不绝对。例如，当一个节点拥有超过该区块链系统 51% 的计算能力时，该区块链系统的主体便是这个节点。并且去中心化程度的高低可通过区块链被单个节点控制的难易程度来确定。

得益于去中心化的区块链，OTC 市场（场外交易市场）的运行和交易方式将被革新。OTC 市场起源于 20 世纪初的美国证券市场，由于证券投资者是通过券商或者银行的柜台进行证券买卖交易的，因此 OTC 市场也被称为“柜台交易市场”。

OTC 交易和电子交易不同。电子交易是在公开的市场中进行，而 OTC 交易则是在交易所以外的、未经公开的市场上进行，这也是“场外交易市场”名称的由来。一对一、在非公开市场交易是 OTC 交易的典型特征。

所谓的一对一，是指在 OTC 交易中，场外交易经纪商作为交易的中间人，凭借电话等工具对各方客户进行报盘和价格询问，各方客户协调一致并同意后，交易就完成了。场外交易经纪商会在交易完成后收到交易双方给予的报酬。OTC 交易模式的显著优点是整个交易过程都非常灵活，双方一次性达成交易的概率很高。

但灵活这一优点并不能掩盖 OTC 交易中存在的数据信息不对称、不透明的缺点。与交易所的标准化合约不同，在大多数情况下，OTC 交易合约是不具备标准化特性的。这就导致 OTC 交易透明度不高。

OTC 交易面临的一切问题都将在引入去中心化的区块链后迎刃而解。区块链的去中心化特征使OTC交易模式发生变革。在区块链去中心化的加密技术下，OTC市场中的第三方机构将会被取代，OTC交易有更为透明的数据信息记录，交易的安全性也将大幅度提升。

除了上述OTC市场的案例，还有一些金融交易以及金融产品，如股票、债券、基金、期货等，都能通过区块链实现更好的运营和交易。借助去中心化的区块链，不需要任何第三方中心化机构，交易各方便可注册、确认和转移多种类型的合约或资产。

6.2 人工智能助力区块链发展

人工智能可以让区块链变得更加智能，降低计算过程中的能耗、提升区块链的安全性以及实现区块链自治组织的高效管理。

6.2.1 控制并降低区块链的能耗

在数字时代来临以及技术不断进步的影响下，需要处理和分发的数据越来越多、越来越复杂，例如，一些现代化软件系统的代码行数已经达到百万级。维护这些数据不仅需要大量的软件开发人员，还需要大型数据中心的帮助，这也就意味着要消耗大量的人力、物力。

鉴于此，兰卡斯特大学的数据科学专家开发了一个人工智能系统。该系统可以用最快的速度完成软件的自动组装，能够极大地提升人工智能系统的运行效率。

这一人工智能系统的基础是机器学习算法。在接到一项任务后，该人工智能系统会在第一时间查询庞大的软件模块库（如搜索、内存缓存、分类算法等）并进行选择，最终再将自己认为的最理想形态组装出来。研究人员给这种算法取了一个名字——“微型变种”。该人工智能系统具有深度学习的能力，能够利用“微型变种”自动组装最理想的软件形态，自主开发软件。

该人工智能系统可以减少人力的消耗，自动完成软件组装。随着物联网时代的到来，需要处理的数据量大幅增加，数据处理中心的众多服务器需要消耗大量能源。而该人工智能系统能够提供数据处理新方式，从而减少能源消耗。

在人工智能系统的影响下，人类与数字世界交互的方式发生了颠覆性的变革。技术的发展大幅提升了网络的安全性，加快了数据查询的速度。技术的发展是解决问题的根本途径。

人工智能在节省能源消耗方面的强大作用已经得到了验证。将人工智能算法应用于区块链的共识机制中，能够提高区块链的计算效率，从而节省电力和能源。其运算逻辑为：人工智能与共识机制结合后，采用分层共识机制，利用随机算法将所有节点划分为多个小集群并选出集群中的代表节点，再由这些代表节点进行记账权的竞争。和全部节点参与竞争的记账方式相比，这种新的记账方式更能降低能源消耗。

6.2.2 进一步加强区块链的安全性

近些年，随着人工智能的不断发展，人们对其的熟悉程度也越来越高。在未来 10 年或者更长的时间里，人工智能将是各行各业争抢的大热点，也是智能产业发展的重要突破口。

AIC 数字资产公司曾公布一份资料，资料显示，该公司正想方设法实现人工智能与区块链的融合，而且已经取得了不错的成果。对此，该公司相关开发人员表示，在人工智能的助力下，区块链的整体安全性大幅度提高。

第一代区块链是比特币，虽然创造了一个分布式的金融体系，但是语言简单，只能实现简单的转账、支付功能；第二代区块链是以太坊等平台，能够通过扩展脚本、虚拟机等方式拓展区块链的功能，如编写智能合约、去中心化应用等。但是以太坊在链上运行，运算能力、存储能力都较弱，无法实现人工智能的语义理解、机器学习和多层神经网络等功能。

AIC 数字资产公司借助人工智能努力打造第三代区块链，是有一定难度的。首先，区块链与人工智能的结合应用对技术有着很高的要求；其次，在区块链与人工智能的结合应用方面存在诸多风险，未来的不可预知使二者的结合应用十分困难。

不过，AIC 数字资产公司拥有专业的团队，团队的愿景非常简单，就是实现区块链与人工智能的结合应用。AIC 数字资产公司希望借助人工智能打造出第三代区块链，并使其发挥比前两代区块链更强大的作用。一旦打造出第三代区块链，无论是能源消耗的优化程度，还是系统固定结构的安全性，都会有一定程度的提升。

6.2.3 管理区块链的自治组织

传统的计算机虽然计算速度非常快，但是反应比较迟钝，如果在执行一项任务时没有明确的指令，计算机就无法完成任务。要想在传统的计算机上运行区块链，计算机就必须有强大的计算能力。

在区块链上挖掘块的哈希算法是一种“蛮力”算法，即一直尝试每一种字符组合，直到找到验证交易的字符。利用人工智能就可以改变区块链的这种运行方式，通过更聪明的方式管理任务。假设一个破解代码的专家成功破解越来越多的代码，那么其工作就会越来越高效。一种机器学习推动的挖矿算法能够以类似专家的方式处理它的工作，这种算法通过机器学习能够获得正确的训练数据，并且能很快提升自己的技能。

区块链与人工智能在技术成熟度上都取得了突破性进展，二者的结合成为一种趋势，将会产生颠覆性的效果。目前，很多公司都在“区块链 + 人工智能”领域积极探索，而且已经出现优秀案例，以色列的 Vectoraic 公司就是很有代表性的一个。

Vectoraic 致力于研发基于人工智能的区块链交通管理系统。在无人驾驶领域，Vectoraic 开发的系统能够对车辆碰撞情况做出判断，并对车辆进行准确定位，以快速反应。此外，该系统还利用云端算法计算出碰撞风险值，以控制无人驾驶汽车的制动、减速或加速等操作系统。

在技术方面，Vectoraic 开发的系统所采用的硬件主要有传感器、可见红外线、热感应、车联网、360 微型雷达等，这些硬件都可以低成本、大规模生产。该系统不仅能探测视线范围内的物体，还能探测视线盲区的物体，从而为无人驾驶汽车安全驾驶提供准确、可靠的决策依据。

区块链和人工智能的结合将催生一个全新的领域。区块链的去中心化模式具有非常强的可操作性，能够实现区块链组织的高效管理，给人们带来全新的体验。

6.3 区块链助力人工智能发展

在人工智能快速发展的背后，存在着数据孤岛、数据模型版权保护不足等问题。区块链技术可以助力人工智能解决这两大问题。

6.3.1 帮助人工智能解决数据孤岛问题

人工智能依赖数据的支持，数据越多，模型就越完善。但是，许多数据都是被独立存储的，数据之间难以互通。数据的彼此孤立就形成了数据孤岛，严重阻碍了人工智能的发展。

人工智能与区块链融合后，就能够很好地解决数据孤岛的问题。区块链能够保证数据传输的安全性和可追溯性，因此能够实现数据的大量传输。在区块链的助力下，人工智能的数据共享主要体现在以下两个场景中，如图 6–1 所示。

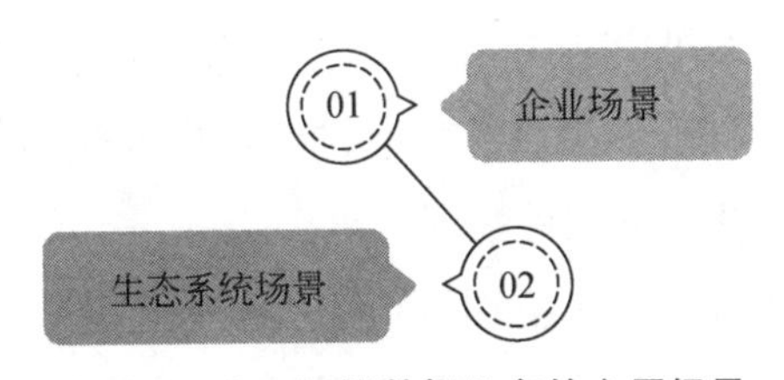

图 6–1　人工智能数据共享的应用场景

1. 企业场景

借助区块链，不同企业的数据可以合并在一起，这不仅可以降低企业审计数据的成本，还可以降低审计人员共享数据的成本。在更完善的数据的支持下，人工智能模型也更完善。这样的人工智能模型就像一个“数据集市”，可以更加准确地预测客户流失率。

2. 生态系统场景

一般来说，竞争对手之间不会交换和共享数据。但如果一家银行获取了其他几家银行的合并数据，那么这家银行就可以构建一个更加完善的人工智能模型，从而最大限度地预防信用卡欺诈。此外，对于一条供应链上的多家企业而言，如果通过区块链实现了整条供应链的数据共享，那么当供应链出现问题时，企业就可以在第一时间明确问题原因。

在数据共享的情况下，可以用于改进人工智能模型的数据更多、来源更广。来自不同孤岛的数据合并后，除了可以产生数据集，还可以产生更加新颖的人工智能模型。在这种人工智能模型的助力下，新的洞察力、新的商业应用出现，以前完成不了的事情现在可以完成。

在进行数据共享时，企业需要考虑一个重要问题——中心化还是去中心化？即便某些企业愿意共享自己的数据，也不一定必须通过区块链实现。不过，与中心化相比，去中心化的好处比较多。一方面，企业之间可以真正实现共享基础设施，无论哪一家企业都不可以独自控制所有的共享数据；另一方面，把数据和模型变成真正的资产不会再像以前那么困难，而且企业还可以通过授权其他企业使用获取利润。

6.3.2 训练数据和模型变身知识产权

由于知识产权资产受版权法保护，因此可以作为知识产权资产使用的训练数据和模型也同样受法律保护。这就表明，哪家企业能构建训练数据或模型，哪家企业就可以拥有版权。如果企业拥有训练数据或模型的版权，就可以授权别的企业使用，具体包括以下四种情况。

（1）企业将自己的数据授权给别的企业用于构建模型。

（2）企业授权别的企业把构建好的模型添加到其移动应用程序中。

（3）在获得授权的情况下，企业使用别的企业的数据或模型。

（4）企业之间进行层层授权。

如果一个企业可以拥有人工智能模型的版权，那么对于自己的发展是极为有利的。在区块链兴起之前，拥有版权的企业可以将数据和模型授权给别的企业使用，相关法律为此提供了依据。区块链兴起之后，数据和模型的授权更加严密和便捷。

就企业拥有的版权来说，区块链提供了一个防篡改的“全球公共注册中心”，企业可以通过数字加密的方法在自己的版权上签名。“全球公共注册中心”还能实现训练数据和模型的注册。

就企业的授权交易来说，区块链又一次提供了防篡改的“全球公共注册中心”。这次不只是数字签名那么简单，而是将版权与私钥联系起来，如果没有私钥，就没有办法进行版权转让。

区块链方面的知识产权是非常值得重视的，2013 年，部分企业就已经着手开展这方面的工作，帮许多数字艺术家拿到了应得的报酬。不过，当时的工作还存在缺陷，如授权规模不够庞大、授权灵活性较差等。

随着区块链不断发展，这些缺陷已经得到了弥补。Coala IP 是一种对区块链友好且非常灵活的 IP 协议；IPDB 和 BigchainDB 可以存储版权信息和一些源数据，是规模堪比 Web 的共享式公共区块链数据库；而 IPFS、Storj、FileCoin 则可以存储规模庞大的数据和模型，是属于物理存储范畴的去中心化文件系统。在这些技术的助力下，作为知识产权资产的数据和模型就可以被构建出来。

Ascribe 是德国的一家区块链技术公司。Ascribe 的创始人在很早之前就构建了一个人工智能模型，并拥有其版权。这个人工智能模型是决定使用哪种模拟电路拓扑结构的决策树。在保护人工智能模型的版权方面，Ascribe 采取的是一种带有密码的防伪证明书。如果哪个企业想要获得授权以使用人工智能模型，就要给 Ascribe 发送邮件。拥有了数据和模型这样的知识产权资产后，Ascribe 就可以开始为其建立交换中心。

以前的交换中心大多是中心化的，因为很多企业认为共享数据带来的风险远高于回报，所以中心化的交换中心只能使用公开的数据源。而 Ascribe 建立的交换中心则是去中心化的。在这种情况下，一个开放的数据市场将会出现，数据和人工智能人士长期以来的梦想也有望实现。

区块链给作为知识产权资产的训练数据和模型提供了强大保障，无论是个人还是企业拥有的版权都可以受到保护。正是因为如此，训练数据才能够共享，从而推动中国人工智能产业不断发展。

6.3.3 区块链智能商店：SingularityNET

在“技术为王”的时代，互联网改变了传统行业，而人工智能和区块链则改变了互联网。之前，为了抢占市场上的优势地位，很多技术都是由某些公司独立研发出来的，这样不利于技术的迭代和升级。SingularityNET 的出现打破了这种局面，一个全新的“区块链 + 人工智能”的时代即将来临。

SingularityNET 旗下有一个智能应用商店，其主要作用是将人工智能领域的资源整合在一起，达到共享代码和销售程序的目的。在智能应用商店中，开发者可以推广自己开发的智能商品，也可以与其他开发者在代码层面进行共享和协作。

SingularityNET 旗下的智能应用商店是以区块链为基础构建的，其数字公共分类系统模仿比特币的架构。从本质上来看，这个智能应用商店其实是一个具备交换和共享功能的数据库，任何人都可以访问、验证、使用其中的数据。正是因为有了这种公开、透明的设计，SingularityNET 才得以将黑客攻击等现象扼杀在摇篮里。

现在，很多公司都在积极研究人工智能、区块链等技术，但这些公司之间没有进行深入的合作和交流。实际上，多方协同开发商品的方式更能推动技术的发展与进步，使各行业、各领域都可以更快地实现转型升级。

未来，人工智能与区块链需要有 SingularityNET 这样的推动者，技术的进步也需要各方一起努力、共同奋斗。新技术应该在世界范围内共享，由各国携手研究、解决其发展过程中的难题，这样新技术才可以真正引领时代发展。

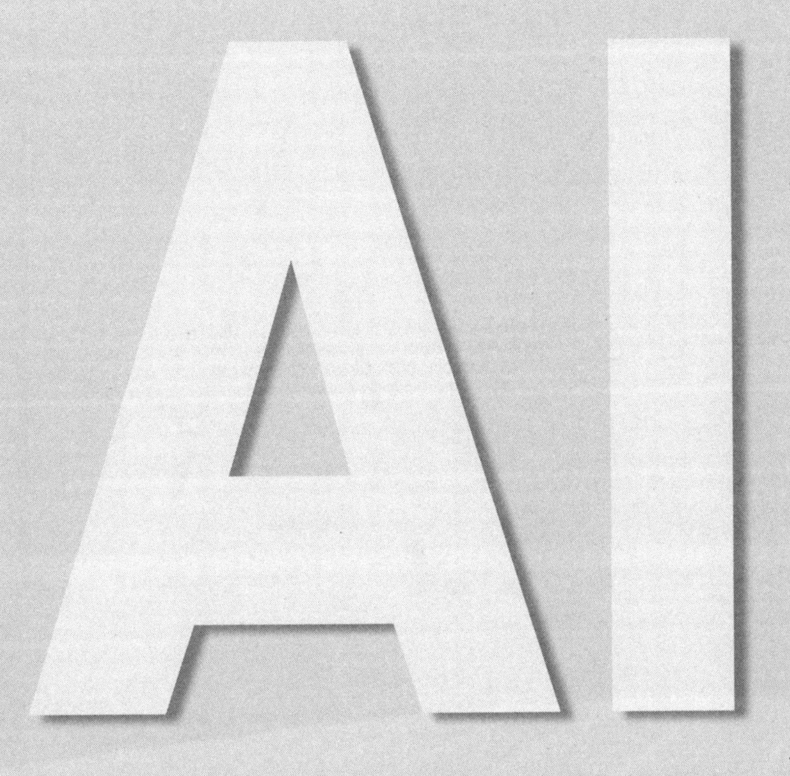

AI激发行业新动能

下篇

第 7 章

智能交通：技术迭代变革出行方式

交通是经济发展的强力助推器。随着技术的进步和产业的变革，智能交通成为交通行业发展的一大方向。**MaaS（Mobility as a Service**，出行即服务）、智能信控、智慧停车、自动驾驶、车路协同等细分领域，将在人工智能、物联网等技术的助推下变得更加智能。

7.1 智能交通的使命

发展智能交通的意义深远。当前，在技术创新的助力下，智能交通的发展不断提速。其不仅可以让人们的出行更加便捷、安全，也能够助力碳中和的实现。

7.1.1 技术创新助力智能交通产业发展

《国家综合立体交通网络规划纲要》（以下简称《纲要》）提出了交通行业的发展目标：“到 2035 年，基本建成便捷顺畅、经济高效、绿色集约、智能先进、安全可靠的现代化高质量国家综合立体交通网”“交通基础设施质量、智能化与绿色化水平居世界前列”。

《纲要》还明确提出“推进智能交通产业化”“加强智能化载运工具和关键专用装备研发，推进智能网联汽车（智能汽车、自动驾驶、车路协同）、智能化通用航空器应用”“推动智能网联汽车与智慧城市协同发展，建设城市道路、建筑、公共设施融合感知体系，打造基于城市信息模型平台、集城市动态静态数据于一体的智慧出行平台”等任务。

国家对智能交通发展目标、主要任务的明确，为智能交通的未来发展指明了方向。未来，技术的创新将加速交通行业的智能化转型。其中，新能源汽车、人工智能、智能驾驶、通信技术、物联网等技术的创新，将推动智能交通的发展。

1. 新能源汽车：自动驾驶新赛道

新能源汽车的快速发展为自动驾驶提供了新赛道，对智能交通建设的推动作用不言而喻。以电动化为主的新能源汽车是智能网联技术的最佳载体。自动驾驶、车联网、智能座舱等技术，都在新能源汽车上得到应用。新能源汽车是智能交通的关键参与者。

2. 人工智能：智能交通的关键技术支撑

未来，人工智能领域的许多技术，如自动驾驶、机器翻译、深度学习、AI芯片等，都将实现突破性发展，将为智能交通打开新的发展空间，为智能交通的发展提供关键技术支撑。

3. 智能驾驶：汽车产业发展新动能

在当前汽车产业发展增速放缓的情况下，智能驾驶技术将成为汽车产业发展的新动能。当前，自动驾驶产业高速发展，在传感器技术、自动驾驶计算平台、车路协同技术等方面已经有了深厚的积累。

随着技术的进步，智能驾驶将迎来破局点：一是智能汽车研发成本大幅度降低；二是自动驾驶技术将加速发展；三是智能驾驶商业化进程将持续推进；四是车企主动拥抱自动驾驶开放平台。

4. 通信技术：加速自动驾驶、车路协同等落地

5G是构建智能交通体系的核心技术。5G具有高稳定性、低时延的特性，将推动移动边缘计算的发展，加速自动驾驶、车路协同、车联网、智能充电桩等应用的发展。

5. 物联网：提升感知能力，实现系统优化

物联网技术在智能交通中的应用包括视频监控与采集技术、位置感知技术、射频识别技术等。其中，利用视频监控与采集技术可以得到车辆牌号、车型等信息，进而计算出交通流量、车速、车头时距、占有率等交通参数。

智能交通中的位置感知技术主要分为两类：一类基于卫星通信定位，如北斗定位系统，可以计算出车辆行驶速度等交通数据；另一类基于蜂窝网基站，通过定位移动终端来获取相应的交通信息。

射频识别技术具有车辆通信、自动识别、定位、远距离监控等功能，在移动车辆识别和管理方面有着广泛应用。

7.1.2 智能交通与碳中和：助力国家“双碳”战略

发展智能交通将助力国家碳达峰、碳中和“双碳”战略目标达成。实现“双碳”战略目标，既是一场经济社会的系统性变革，也是一场新技术的全球竞技赛。利用新技术助推新能源汽车和智能交通、信息通信产业等的融合发展，提升交通运输科技创新能力，能够促使交通运输业的碳减排提速，助力“双碳”目标实现。

智能交通减排可以通过三种路径实现：一是实现车的智能化，推动实现智能网联的新能源智能汽车的发展；二是实现路的网联化，发展车路协同、智能信控、智慧停车等，减少拥堵、事故和碳排放；三是实现出行共享化，推广基于 MaaS 的新模式。

1. 实现车的智能化

在车的智能化方面，电动化的驱动系统为自动驾驶系统的精准控制打下了良好的基础。“自动驾驶 + 新能源汽车”的体验通常要好于“自动驾驶 + 燃油车”。近年来的新能源汽车销量数据也表明，具备自动驾驶功能的新能源汽车更受欢迎，一些人甚至认为自动驾驶系统应当是新能源汽车的标配。

搭载无人驾驶技术的智能汽车是实现碳中和的重要力量。当前，无人驾驶汽车的研发基本上都基于电动车进行，这将对电动车替代燃油车起到巨大的助推作用。尤其是从碳达峰向碳中和过渡的阶段，无人驾驶将成为燃油车退出市场的终极推手。无人驾驶与电动车有着更好的耦合性，将极大地推动交通产业低碳化转型。

未来，在我国的交通网络中，自动驾驶将连接起跨城干线、城市主干道以及城镇街巷道路的物流运输，创建便捷高效的机器人物流网络。而我国的高铁网络、地铁轨道交通、自动驾驶出租车和自动驾驶巴士，将是承载人们移动出行需求的主力，交通出行将全面向低碳化迈进。

2. 实现路的网联化

交通方面的碳减排主要通过新能源汽车对燃油车的替代实现，路的网联化在智能交通减碳中将扮演越来越重要的角色。路的网联化可以降低道路基础设施能源消耗，提高道路交通运输效率。

车路协同，尤其是通过智能道路的支撑构建起节能环保体系，将助力交通行业实现碳达峰和碳中和。例如，将车路协同基础设施与监控、收费等方面的高速公路传统基础设施融合，可以打造全天候通行、事件检测、收费稽核等创新应用，提高高速持续运营能力，让高速公路更高效、更低碳。

另外，通过建设高等级智能道路，加速高等级自动驾驶的规模商业化，也可以显著提高交通出行效率，减少温室气体排放，对我国实现碳达峰和碳中和具有极大的促进作用。

3. 实现出行共享化

MaaS 是交通碳减排的关键路径之一。MaaS 将充分利用高等级智能道路的全面感知能力、大数据汇聚处理能力、车路协同服务能力等，基于当前的交通方式和用户的出行时间、成本等因素，为用户提供一站式出行服务，实现共享出行。同时，MaaS 将减少私家车的使用，实现低碳化出行。

总之，智能交通不仅能够从技术角度对当前的交通模式赋能，还能够通过更加智慧的出行方式，在改善乘客出行体验的同时实现环境保护，助力交通碳减排。

7.2 智能交通五大领域

随着智能交通的发展，MaaS、智能信控、智慧停车、自动驾驶、车路协同等智能交通细分领域将实现突破。

7.2.1 MaaS（出行即服务）

Maas 是一种智慧出行方式，强调对技术的应用、对出行生态的构建和对交通方式的整合。Maas 平台能够打破不同交通方式之间的壁垒，为用户提供一站式出行服务。

MaaS 概念最早由芬兰智能交通协会主席桑波・希塔宁（Sampo Hietanen）在 2014 年欧洲智能交通世界大会上提出。近年来，MaaS 模式越来越火热。传统的公共交通运营商、汽车代工厂商、科技互联网公司都纷纷大举进入这一领域。目前，全球的 MaaS 平台已超过 100 个，较为典型的 MaaS 平台有 Whim、Moovel、UbiGo 等。

如何定义 MaaS？从全球范围来看，MaaS 的核心理念基本一致，但各研究机构、组织对 MaaS 的定义不尽相同。以国际 MaaS 联盟对 MaaS 的定义为例，国际 MaaS 联盟认为 MaaS 是将各种形式的交通服务整合到一个移动应用中，支持用户按需访问。MaaS 运营商提供多种交通选择，包括公共交通、共享单车、出租车、汽车租赁等。用户使用单一应用程序就可以获得一站式出行服务。

根据对 MaaS 的研究和实践，可以总结出 MaaS 的两大特征。

（1）以人为本的出行理念。MaaS 体现了以人为本的理念，即更加重视用户的需求，从关注交通工具转向关注用户本身，以用户的出行体验为核心。

（2）一站式服务。MaaS 让各种交通工具从割裂走向一体化联运。MaaS 通过提供更快捷的一站式服务，让出行更低碳、更绿色。

此外，Maas 打破了交通运营、服务模式的壁垒以及交通运输系统中不同出行方式、不同运营商之间的壁垒，促进不同利益方融合发展。MaaS 能够为智能交通、绿色交通助力，推动智慧城市建设。

7.2.2 智能信控

信控的作用是对城市道路交叉口的路权进行分配。信号控制系统通过对交通情况的观测，确定相应的红绿灯放行时序，使路口交通顺畅。随着自动化检测、人工智能等技术的发展，智能信控逐渐普及。借助自动监测设备，智能信控全天候观测交通情况，生成合适的信号配时方案，保障车辆高效通行。

智能信控能够实时分析各种交通数据、交通状况等，预测可能出现的问题。同时，其还能够通过复杂的智能算法，制定完善的动态车道使用方案，并采取预防措施。从技术角度来看，智能信控覆盖了感知、认知、决策等方面的智能技术，如图 7–1 所示。

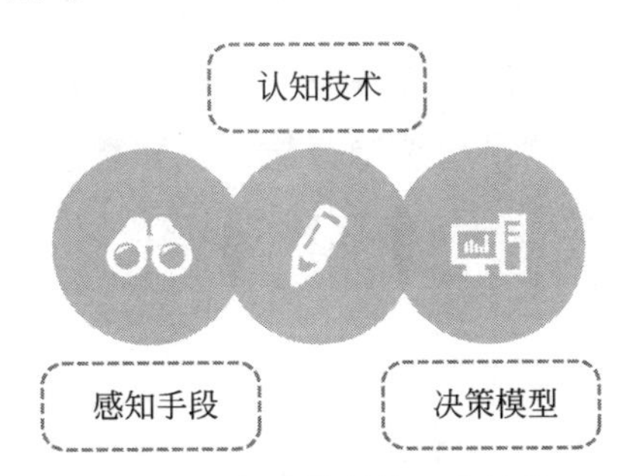

图 7–1　智能信控的三大技术

1. 感知手段

就智能信控而言，确定车辆的行驶路径能够更好地提升控制管理效果。当车辆使用车载 App、手机 App 或其他智能设备时，其出行轨迹能够很好地展现出行链上的交通状况，反映路径级的交通出行特征，而不再局限于单个路口、路段。未来，随着感知手段的进步，智能信控有望实现全工况、全要素的全息感知。

2. 认知技术

认知智能的关键是对问题的定位。但交通网络是一个动态时空网络，是路口与路口之间连成的网络，通常是不规则的。每个路口之间的协同关系会随着时间推移发生变化。因此，对单个路口的交通问题进行定位，是有一定难度的。

智能信控是根据历史的交通流来构建模型，应用于未来的交通流。如果能准确地预测交通流，就可以有针对性地生成面向未来交通流的方案。对交通流的认知越强，信控方案的效果就越好。

3. 决策模型

目前，业内应用于智能信控的决策模型可以分为以下三类。

（1）基于交通工程视角建模的领域模型。这是比较依赖交通控制理论、知识体系和相关经验驱动的一类模型。其在解决问题的思路上采用了分化的方式，具有更好的可解释性，遇到问题容易溯源。

（2）从信息技术的角度出发的优化模型。这类模型通常具有优化目标、决策变量、约束条件等因素。技术人员对信控问题建模后，会形成一个大规模的优化问题，最后得到一个最优方案，使路权的供需匹配更合理。

（3）机器学习通用模型。即基于深度学习、强化学习，按特定决策的状态及方式建模后，算法就能通过学习得到一个解决方案的模型。

总体而言，智能信控就是从感知智能、认知智能和决策智能等多个关键环节出发，基于大量精准、全面的数据构建相应的模型，实现交通调控效果的提升。

7.2.3 智慧停车

当前，很多城市都存在停车难的问题，而智慧停车可以变革传统车位管理模式，实现对车位资源的高效、合理分配。

从实现途径或应用场景来看，智慧停车可以分为以下几种模式，如图 7–2 所示。

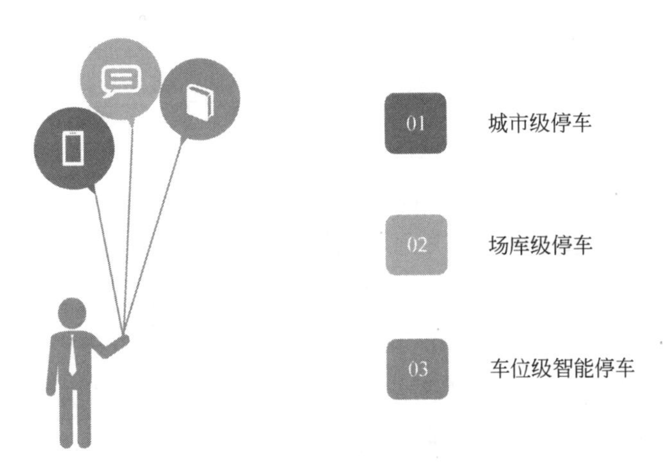

图 7–2　智慧停车的三种模式

1. 城市级停车

城市级停车是指由政府停车主管部门或城投公司牵头，在城市建成批量化的公共停车设施。停车位状态信息、停车管理设备数据等可上传至停车企业云平台。而城市级云平台能够与停车企业平台对接，获得各种停车数据，进而形成全城市统一的停车信息网。这便于用户快速找到停车位，并解决一些用户“逃单”的问题。

2. 场库级停车

场库级停车的应用场景多种多样，如地上封闭停车场、地下停车场等。以地下停车场为例，场库级停车一般需要经过入场、找车位停车、出场等环节。

在入场环节，车辆经过出入口时，部署在出入口的摄像机能够快速识别车牌，确认车辆身份，联动道闸抬杆，放行车辆进场；车辆进入车场后，与场库级停车场联动的 App 可以提供从场外到场内的车位级导航服务，方便车主快速找到空车位；停车以后，App 还可联动 AR（Augmented Reality，增强现实）导航服务，为用户的出行导航。

3. 车位级智能停车

车位级智能停车主要通过智能车位锁、视频、地磁等设备，判断车辆的进入和驶出。目前的主流泊位停车技术管理方案主要有“人工 + 咪表”模式、“人工 + 地磁”模式、视频桩模式、高位视频模式等。其中，高位视频模式的优势更加明显，被广泛应用于城市级停车项目中。

当前，智慧停车产业的发展主要呈现以下趋势。

1. 停车场无人化

当前，我国的汽车保有量不断增长，停车位供给严重不足。同时，停车场的经营压力逐渐增大，线下人工管理停车场的方式面临诸多挑战。随着智慧停车解决方案的不断成熟，未来，停车场无人化将是智慧停车产业的一个重要发展方向。

2. 视频应用逐渐铺开

智慧停车系统要有强大的计算和感知能力，才能作为子系统为智能交通、城市治理提供数据支持。在技术上，随着计算机视觉、人工智能等技术的高速发展，基于视频图像的智能识别技术在各个行业的应用逐渐占据主流。这一趋势在智慧停车行业得到充分体现，智慧停车视频应用逐渐铺开。

3. 一体化思考

智慧停车系统成为智能交通、智慧城市的子系统，这就要求所有行业参与者从全产业链及系统生态角度入手进行一体化思考。越来越多的项目对道路停车智能化的功能要求已经脱离了简单的停车收费，更多聚焦于实现交通管理的智能化，为提高现代城市治理能力提供支持。

4. 头部集中趋势显著

智慧停车行业的竞争正在由小型的、停车收费产品提供商之间的竞争，向头部的、智慧化管理服务提供商之间的竞争演变。

目前，智慧停车已经实现规模化应用，覆盖的停车场和用户的范围不断扩大，行业正在快速发展。同时，一些规模较小的企业将逐步退出市场，而行业头部企业将以规模优势、模式优势等持续提高竞争力和市场份额。

7.2.4 自动驾驶

随着深度学习、计算机视觉等技术的兴起，自动驾驶为智能交通的发展提供了新的解决方案。其应用场景主要有以下几个，如图 7–3 所示。

1. 自动驾驶出租车

当前，自动驾驶出租车已经有了实践案例。2022 年 4 月，“方向盘后无人”的自动驾驶出行服务落地北京，展示了无人化自动驾驶技术的成果，这是我国自动驾驶领域的重大突破。同时，多家自动驾驶公司在北京、上海、深圳等地开展自动驾驶出租车试运营，加入这一改变未来出行模式的变革。

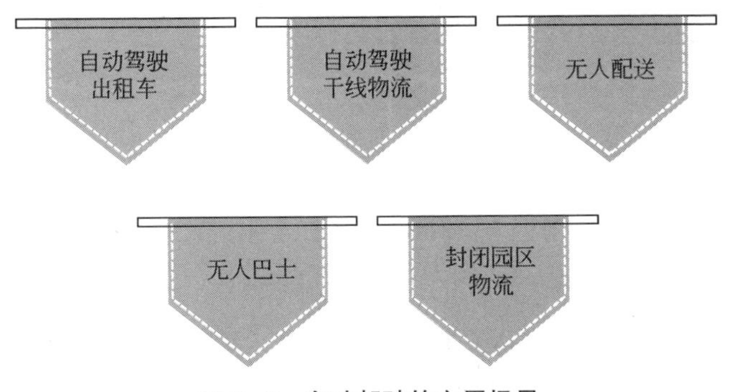

图 7–3　自动驾驶的应用场景

2. 自动驾驶干线物流

干线物流是指利用道路的主干线进行大批量、长距离的货物运输，是自动驾驶的重要应用场景。

干线物流以重卡运输为主，人力成本较高，且重卡司机的招聘也比较困难。而自动驾驶技术在干线物流领域具有双重作用：一方面，自动驾驶系统可以先接管部分驾驶任务，技术成熟后可完全替代司机，解决司机短缺的难题；另一方面，机器驾驶更为稳定和安全，能避免各种人为原因造成的交通事故，减少人身伤害和财产损失。

3. 无人配送

目前，大多数无人配送车是在封闭园区内行驶，而电商物流和工业物流将是未来无人配送的重要应用场景。丰富的无人配送应用场景将带动产业链上游关键技术开发，促进下游无人配送设备的销售和物流产业的转型升级。

未来，无人配送将成为智能物流的重要组成部分。从技术发展上来看，随着自动驾驶、5G、物联网等技术的发展，无人配送将实现高速发展。

4. 无人巴士

公共交通也是自动驾驶技术落地的重要场景。当前，已有不少企业在自动驾驶技术应用于公共交通方面进行探索。例如，宇通自动驾驶客车曾进行道路测试，全程无人工干预；长沙市无人驾驶公交车在智能公交示范线上进行试运营。

5. 封闭园区物流

封闭园区物流的典型场景包括港口、矿区、机场等，是自动驾驶技术应用的重要场景。相较于开放性道路，封闭园区物流场景较为简单，干扰因素少，自动驾驶技术的应用落地速度更快。目前，驭势科技、踏歌智行、易控智驾等自动驾驶公司在封闭园区物流方面都有运营案例。

7.2.5 车路协同

车路协同自动驾驶指的是借助 C-V2X 和 4G/5G 通信技术，实现车与车、车与道路、车与云平台和车与人的全方位协同配合，满足自动驾驶车辆应用需求。车路协同能够降低自动驾驶的难度和成本，助推自动驾驶技术大规模商业化落地，同时也能够为智能交通产业注入新的活力。

车路协同自动驾驶不仅对车端提出了智能化要求，还要求推进汽车、交通、通信、出行等领域的融合，整合车、路、云、网，形成车路云一体化的多维系统。这在服务于自动驾驶协同感知、协同控制的同时，也可以为智能交通、智慧城市的发展提供新动能。

车路云一体化是车路协同未来发展的终极形态。它是智能网联汽车、通信网络、计算网络以及智能交通系统融合形成的新型系统。它通过集成先进的感知、通信等技术，构建起一套包括状态感知、实时交互、科学决策、精准执行的完整体系。

除了具有传统智能交通系统和车联网系统的特性，车路云一体化系统还具有以下特点：一是车与车、车与路、车与云之间实现信息交互的网联化、车辆运动控制的协同化和智能化；二是交通控制和出行层面实现自动化和个性化；三是系统的可持续运营和发展，为汽车和交通运输产业带来新的生产方式，解决自动驾驶、智能交通、共享出行、智慧城市等方面的复杂性和不确定性问题，实现系统内资源配置的动态优化。

车路云一体化系统的车端、路端和云端需要齐头并进、协同发展。现阶段，在车端，智能化和网联化具备了大规模应用的前提条件，部分车企已经明确，甚至发布了智能网联汽车的量产计划。

在路端，车路云一体化需要车路协同基础设施提供稳定、高精度的服务。但是现有的道路条件和基础设施还不能满足要求，这将是未来车路云一体化发展的核心方向。

在云端，支撑自动驾驶应用的高性能云计算网络设施尚未完善，仍需要加大研究和开发力度，以提供多样化、大规模的应用服务。

第 8 章

智慧农业：助推乡村振兴

人工智能与农业的融合催生了智慧农业。智慧农业指的是将人工智能应用到传统农业种植中，实现农业种植的无人化、自动化、智能化。智慧农业带动农业产业链实现变革，进一步推动乡村振兴。

8.1 人工智能 + 农业 = 智慧农业

农业是我国的三大产业之一。由于气候变化、人口增长、人工效率低等原因，一直以来，传统农业生产大多“靠天吃饭”。近年来，人工智能渗入农业生产的各个环节，为农业的发展提供助力，形成了智慧农业新格局。

8.1.1 智能设备贯穿农作物生长全过程

随着人工智能技术被应用在农业领域，我国开始大力提倡发展智慧农业。智慧农业可以提高农业生产效率，实现农业生产精细化管理，让农业生产全过程都有智能设备保驾护航。

具体来说，智慧农业领域的智能设备主要有以下几种。

1. 信息采集设备

信息采集设备主要指的是各种农业传感器，包括土壤温湿度传感器、光照传感器、雨量传感器等。这些被放置在田间地头的传感器可以检测农作物的生长环境，将实时数据反馈到管理人员的电脑或手机端，从而提供农作物生长阶段的精准的、有效的数据，实现科学种植。

2. 自动化灌溉系统和水肥一体化系统

2021 年，我国农业用水量为 3644.3 亿立方米，占社会用水总量的 61.5%。而我国正常年份缺水量超过 500 亿立方米，其中农业就占了约 300 亿立方米，每年因农产品缺水造成的损失超过 1500 亿元。农业用水浪费而农产品却“喝不饱”，成为制约农业可持续发展的重大问题。而自动化灌溉系统和水肥一体化系统可以完美解决这个问题，让每一滴水都不会浪费。

自动化灌溉系统是将水源过滤后精准输送至农作物根部的系统，水肥一体化系统是将水和肥料一起精准输送至农作物根部的系统。这两个系统都是通过滴灌的方式对农作物进行灌溉，精准为农作物提供水分和养分，令其茁壮生长，避免浪费过多的水肥资源。

3. 信息发布与智能处理系统

信息发布与智能处理系统包括视频监控系统、信息展示系统以及应用软件平台。管理人员可以通过视频和图像直观地了解农作物状态，农作物缺水、营养不够导致植株过小等问题都可以在第一时间被发现，真正实现足不出户进行农业耕种。

除了上述设备，还有大田种植土壤墒情站、气象站、虫情测报系统、孢子捕捉仪等农业智能设备。这些设备可以替代农民在田间地头工作，让新时代的农民告别“面朝黄土背朝天”的耕种模式，实现科学耕种、智能耕种。

8.1.2 打造数字化、自动化育种体系

很多农业专家认为，现代农业的核心目标是研发和培育出更多的新品种。在这个方面，深度学习可以提供很多价值，让作物育种更加精准、高效。

在作物育种领域，深度学习能够帮助作物育种专家研发和培育更高产的种子，以更好地满足我国人民对粮食的巨大需求。

在很早之前，一大批作物育种专家就开始寻找特定的性状。一旦找到，这些特定的性状不仅可以帮助作物更高效地利用水和养分，而且可以帮助作物更好地适应气候变化、抵御虫害。

要想让一株作物遗传一项特定的性状，作物育种专家就必须找到正确的基因序列。不过，这件事情做起来并不容易，因为作物育种专家也很难知道哪一段基因序列才是正确的。

在研发和培育新品种时，作物育种专家面临着数以百万计的选择。然而，自从深度学习这一技术出现后，10 年以内的相关信息，如作物对某种特定性状的遗传性、作物在不同气候条件下的具体表现等，都可以被提取出来。不仅如此，深度学习技术还可以用这些信息建立一个概率模型。

拥有了这些远超出某一个作物育种专家能够掌握的信息，深度学习技术就可以对哪些基因最有可能控制作物的某种特定性状进行精准预测。面对数以百万计的基因序列，前沿的深度学习技术能够极大地缩小选择范围。

实际上，深度学习技术是机器学习技术的一个重要分支，其作用是从原始

数据的不同集合中推导出最终的结论。有了深度学习的帮助，作物育种变得比之前更精准、更高效。另外，值得注意的是，深度学习还可以对更大范围内的变量进行评估。

为了判断一个新的作物品种在不同条件下表现如何，作物育种专家可以通过电脑模拟来完成早期测试。在短期内，这样的数字测试虽然不会取代实地研究，但可以提升作物育种家预测作物表现的准确性。

也就是说，在一个新的作物品种被种到土壤中之前，深度学习技术就已经帮助作物育种专家完成了一次非常全面的测试，从而帮助作物更好地生长。

8.1.3 识别并解决病虫害，减少浪费

病虫害会导致农作物产量大幅下降。人类历史上出现过多次因病虫害而造成农作物大幅减产的事件，因此，及时发现和处理农作物的疾病和虫害相当重要。

生物学家戴维·休斯（David Hughes）和作物流行病学家马塞尔·萨拉斯（Marcel Salathé）曾运用深度学习算法检测粮食的疾病和虫害。

他们用5万多张图片训练计算机，计算机识别出14种作物的26种疾病，正确率高达98.35%。研究表明，利用视觉识别技术，计算机可以通过分析图片的方式尽早发现人类肉眼难以发现的作物疾病和虫害。

Prospera是一家位于以色列特拉维夫的农业科技企业，其利用视觉技术对收集的图片进行分析，深度学习病虫害的特征，进而了解并报告农作物的生长情况。

借助人工智能的预警，农民可以尽早发现并预防病虫害，有助于减少农作物损失，提高粮食产量。

8.1.4 进一步加强畜牧管理

在畜牧管理方面，人工智能也大有可为。一直以来，畜牧业都采取粗放型管理模式，效率低、成本高，而且给环境造成了严重的污染。可见，传统畜牧管理已经跟不上时代的步伐了。

随着人工智能、大数据、物联网等新一代信息技术落地应用，智能化养殖成为畜牧业发展的主流趋势，实现了经济效益与环境保护的双赢。

以养牛为例，动物学家研究发现，农场上出现人类时，牛会误以为人类是捕食者，因此产生紧张的情绪，这会对牛肉、牛奶等一系列农产品造成负面影响。而利用人工智能技术管理牛群，就能解决这个问题。

人工智能可以借助农场中的摄像装置实现智能识别，准确锁定牛脸及其身体。经过深度学习后，人工智能还能分辨牛的情绪状态、进食状态和健康状况，然后向养殖者推送牛群的情况，并为养殖者提供建议。养殖者不必出现在农场，这样就不会惊动牛群，但依旧能准确获得牛群的信息。

例如，荷兰的一家农业科技企业 Connecterra 在畜牧管理方面就进行了深入的研究。该企业开发出智能奶牛监测系统，并因此获得 180 万美元的种子轮融资。该系统能够利用摄像头跟踪每头奶牛的行踪，经过智能分析后将得出的结论和现场摄像头录制的视频一并传送给养殖者。

该系统建立在谷歌的开源人工智能平台 TensorFlow 上，利用智能运动感应器 Fitbit 获取奶牛的运动数据，以监测奶牛的健康情况。

通过对奶牛的日常行为，如行走、站立、躺下和咀嚼等进行深度学习，该系统能够及时发现奶牛的不正常行为。例如，某头奶牛平常吃 3 份干草，今天只吃了 1 份，而且活动量也比以前少，就会引发系统预警。使用该系统后，农场的运营效率提高了 20% ～ 30%。

使用人工智能养牛的优势显而易见：一方面，养殖者无须花费太多时间在农场巡视就可以获知每头牛的位置和健康状况；另一方面，牛群不会受人类的干扰，可以保持轻松愉快的心情，产出更高质量的牛奶和肉制品。可以说，人工智能既减轻了养殖者的工作负担，又极大地提高了农产品的质量。

8.2 AI 时代的农业链变革

随着人工智能更加深入地与农业结合，农业产业链将发生翻天覆地的变化。除了产业链垂直一体化发展、农业园区呈现出更高级的形态，农业经营体制将朝着“品牌 + 标准 + 规模”三维融合的方向发展。

8.2.1 打通上中下游，构建全产业链

和其他行业的企业一样，农业企业要想获得可持续发展，必须打通上中下

游，构建全产业链。全产业链是从产品生产到顾客反馈的完美闭环，对商品流通过程中的每一个环节都实行标准化控制，如图 8-1 所示。

图 8-1　全产业链模式

（1）基地生产。在农业基地产品生产环节，农业企业需要将物联网技术、传感技术等先进技术应用于农业生产中，实现农业生产的智能化。例如，农业企业可以通过传感器监测农业环境，据此进行科学的农作物灌溉、施肥等。

（2）采收仓储。在采收过程中，农业企业可以使用无人机、机器人等实现农作物的自动化采摘或收割，提高采收效率；在仓储过程中，农业企业可以引入智能仓储管理系统，实现对农产品的自动化管理。智能仓储管理系统不仅可以监测仓库内的温度、湿度等，保证农产品处于合适的保存状态，还能够记录农产品的进出库情况，便于农业企业合理安排生产与物流配送。

（3）产品质检。在产品质检环节，基于 AI 机器视觉的智能质检应用能够为农业企业的科学质检提供助力。农业企业可以引入智能质检设备，对产品的外观、尺寸、重量等进行检测。这可以提高农业企业产品质检的效率和准确度。

（4）平台销售。在销售环节，农业企业需要搭建数字化农产品销售平台，以平台模式实现农产品的线上销售。农产品销售平台可以整合农产品资源、提供便捷的交易渠道等，助力农业企业农业电商业务的发展。

（5）冷链配送。在搭建了数字化农产品销售平台后，农业企业还要为其配备完善的物流体系，尤其是新鲜农产品的冷链配送。农产品难以保鲜，普通运输的损耗较高，而冷链运输可以减缓农产品的成熟和衰老，降低损耗率。在这方面，农业企业需要借助人工智能技术搭建一个集冷链运输、位置跟踪、质量检测、信息查询等功能于一体的智慧冷链系统，实现农产品的保鲜配送。

（6）客户反馈。客户反馈也是农业企业需要关注的重要环节。通过客户反馈，农业企业既可以了解客户的需求，合理安排农产品生产，也可以了解客户提出的关于产品质量、物流运输等方面的问题，有针对性地改进管理流程，为客户提供更加优质的服务。

构建农业全产业链，企业需要打通三个环节，如图 8-2 所示。

1 上游：控制农产品原料质量

2 中游：提高精深加工能力

3 下游：进行品牌建设

图 8-2　构建农业全产业链需要打通的三个环节

1. 上游：控制农产品原料质量

对农业企业来说，农产品原料的质量就是根本，从产品的源头入手控制农产品的原料质量是非常重要的。

在这方面，充分发挥人工智能的作用，打造智能农田很有必要。一方面，人工智能技术能够提高生产效率，提高作物产量，人工智能系统的准确监控，还可以保证农作物的质量优良；另一方面，企业可以利用人工智能技术打造优质农田，提升市场竞争力。

2. 中游：提高精深加工能力

这一环节是针对农产品加工企业的。只有把农产品加工成更加精细的产品，例如，把小麦加工成面包，企业才会有更大的利润空间及更强的市场竞争力。

在提高企业精深加工能力的基础上，人工智能技术可以用于分析企业现有产品，为企业的新品研发提供建议。

3. 下游：进行品牌建设

在农产品行业，形成品牌效应的企业获得的利润更多。因此，对品牌和销售渠道进行建设是农产品企业应重点开展的工作。在这方面，人工智能技术通过对企业以往的销售数据进行分析，能够找出和销量相关的因素，形成智能决策，为企业进行品牌建设提供参考。

企业构建了农业全产业链后，各环节的衔接将十分流畅，运营成本将大幅降低，市场竞争力会极大地增强。因此，构建农业全产业链是大势所趋。在农业现代化的进程中，从农业生产到分析决策，人工智能能够在全产业链的各个环节为智慧农业的发展提供新的动力。

8.2.2 创新农业园区形态

现代农业的一个重要展示窗口是农业园区，随着人工智能对其进一步拓展，最终形成“企业 + 农业园区 + 市场”的组织形式。

在“企业 + 农业园区 + 市场”的组织形式中，三者的作用如图 8–3 所示。

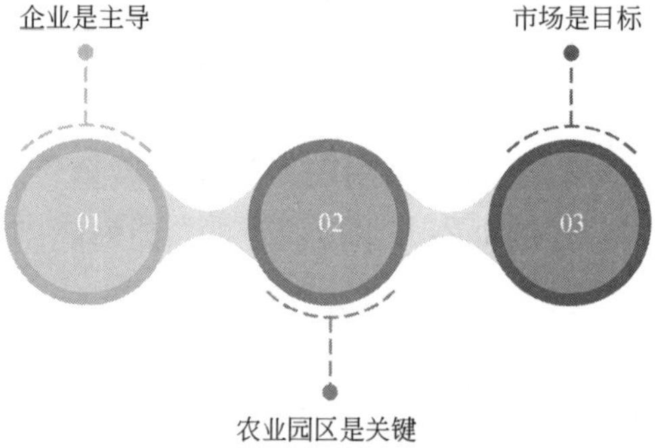

1. 企业是主导

企业确立生产目标、生产标准、产品理念后，就可以作为主导对农业园区进行规划设计。人工智能在其中起到辅助决策和提出设计建议的作用。

图 8–3 “企业 + 农业园区 + 市场”的组织形式

2. 农业园区是关键

农业园区是生产的示范点，应充分体现智慧农业的特点。利用人工智能技术，农业园区可以实现无人监管，并对农作物进行智能除草、灌溉，降低人工成本。此外，农业园区中的人工智能设备可以指引游客参观和采摘，产生经济效益。

3. 市场是目标

无论是什么生产组织形式，最终都要落脚于赢得市场这一终极目标。为了抢占市场先机，人工智能的智能分析和决策能力必须得到重视。市场动态可由人工智能软件全面掌握，人工智能软件的预测能够为企业的市场营销提供依据。

在传统农业“企业 + 农户”的组织形式下，企业和农户在诸多方面存在利益冲突，无法顺应智慧农业的发展潮流。而“企业 + 农业园区 + 市场”三位一体的组织形式将利益纷争降到最低，农户在农业园区中作为种植者而非经营者存在，能减少与企业的利益冲突。

“企业 + 农业园区 + 市场”的组织形式充分结合了人工智能技术，能够降低人工成本和农业灾害发生的概率，逐渐成为智慧农业的主流组织形式。

8.2.3 “品牌 + 标准 + 规模”三维融合

《中国互联网 + 智慧农业趋势前瞻与产业链投资战略分析报告》指出：“农业产业链成功与否取决于整个产业链的效益，而产业链的效益取决于‘品牌 + 标准 + 规模’的经营体制。”在建设现代化智慧农业方面，“品牌 + 标准 + 规模”三维融合的经营体制能够发挥重要作用。

在“品牌 + 标准 + 规模”三维融合的经营体制中，品牌化、标准化、规模化分别起到的作用如图 8–4 所示。

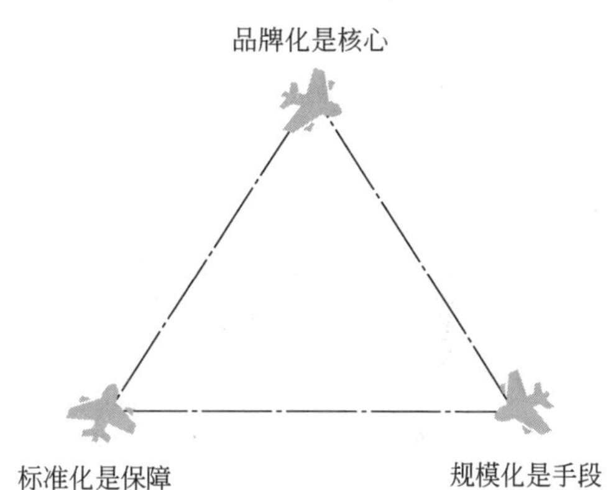

图 8–4 “品牌 + 标准 + 规模”三维融合

1. 品牌化是核心

要想使终端产品实现价格增值，形成品牌是核心。如果终端产品无法实现品牌溢价，那么整个农业链的价值就无法有效提升，各个环节中的风险就无法避免。因此，有效利用人工智能强大的数据分析能力，打造品牌形象、形成品牌效应，对于农业企业来说非常重要。农产品的利润本就不高，只有形成品牌效应，产品才会有品牌溢价，因此现代农业企业必须重视品牌化建设。

2. 标准化是保障

要想建立成功的品牌，就离不开标准化。农业企业通过人工智能实现对企业自上而下的监督，保证各部门贯彻落实制定的标准。只有建立严格、统一的标准并执行，才能将品牌理念落到实处，形成真正有影响力的品牌，才能获得品牌溢价。

3. 规模化是手段

企业已经有成熟的品牌和经营标准后，扩大规模是其获得更多利润的必经之路。人工智能机器人作业的精准度和效率高于人工，有利于农业企业扩大生产规模。通过规模化生产，企业能够获得规模效应，迅速打开市场。

和其他企业一样，农业企业也需要完善经营体制才能获得可持续发展。“品牌 + 标准 + 规模”三维融合的经营体制符合现代农业的发展趋势，是未来智慧农业的主流发展方向。

8.3 无人农场：智慧农业新兴产物

无人农场是智慧农业的一种生产方式，也是实现智慧农业的途径之一。它实行全自动化作业，各个生产环节都没有人工参与，真正在农业领域实现机器换人。

8.3.1 无人农场有哪些优势

无人农场搭载了物联网、大数据、5G 等高新技术，使得农业生产效率、产品质量都有所提高，经营成本有所降低。与传统农业生产方式相比，无人农场的种植模式更为先进，种植过程更加科学，且对人工的依赖度极低。

下面结合具体案例分析无人农场的优势。

春分是春耕备播的关键时期，农民在这一天异常忙碌，然而在山东淄博禾丰的无人农场里，只有一台自走式喷灌车在进行灌溉作业，全然看不到农民的身影。这是因为这台自走式喷灌车集合了 5G、物联网、人工智能等技术，能够对小麦进行精准灌溉。它不仅能提升农田灌溉效率，还能节约资源，降低生产成本，在将农民从沉重劳动中解放出来的同时，还有利于农业的可持续发展。

此外，无人农场不仅可以自动作业，甚至可以自动决策。它能结合气候、土壤情况、温度、湿度等数据以及农田里各区域监控实时回传的农作物数据，自动判断浇水、施肥的时机以及肥料的配比，从而使农作物种植管理更加科学化、精细化，大幅提高了生产效率，实现全程无人机械化作业。

综上所述，无人农场最大的优势就是通过信息化管理和科学化种植，实现自动化农事安排。

1. 适时灌溉除草

在无人农场中，设置在田地里的摄像头和传感器等设备可以收集农作物的生长状况以及田间的微气象数据，如温度、湿度等，对农作物进行实时分析。如果发现杂草过多影响农作物正常生长，系统就会自动提醒农民除草；当土壤的湿度低于农作物生长需要的湿度时，系统就会自动开启灌溉设备进行浇水，还能智能查询未来几天的天气状况从而调节灌溉的水量。

2. 清除病虫害

无人农场可以实现农作物病虫害的快速确诊和治理。当农作物出现异常时，高清摄像机会将农作物叶片或果实的图片上传到云端平台，平台会在毫秒内识别作物是否患有病虫害以及患有什么病虫害，并给出防治建议，从而帮助农民实现农作物病虫害快速确诊、准确用药，避免延误病虫害灾情、导致损失进一步扩大。

（1）云端平台可以进行害虫类别分类及计数，自动无公害诱捕杀虫，减少农药使用。

（2）高清摄像机采集虫情图像，可帮助农民远程查看农作物情况，以及时采取防治措施。

在无人农场中，农民可以实现科学的农事安排，适时灌溉除草、清除病虫害等。随着人工智能技术的进步，无人农场将会迎来更大的发展空间，真正实现自主决策、自主作业，将人类从农业生产中解放出来。

8.3.2 智能监控处理不确定性事件

在无人农场中，智能农业大棚环境监控系统已得到普遍应用。它可以对作物、禽畜、水产品等作业过程、生长过程、病虫害防治等情况进行全程监控，及时对不确定性事件进行处理，保证安全至上、作业顺利。

传统的控制农作物生产过程的方式是人工控制。但人工控制成本较高，而且难以达到科学种植的要求，会影响农业生产的产量和质量。

智能农业大棚环境监控系统是以人工智能技术和互联网技术为基础的监控系统，能够对大棚内的物理环境进行 24 小时监控，并和管理者的电脑或手机连接，实时反馈数据。例如，在某项参数不符合作物生长的需求时，智能农业大棚环境监控系统会自动向相应设备发送指令，进行浇水等操作。

深圳市信立科技有限公司设计的智能农业大棚环境监控系统能够对大棚中空气温湿度、土壤温湿度等多项参数进行实时采集，并通过无线网络传输到管理者的通讯终端，使管理者实现远程监管。对于相对严格的科学操作，例如，在二氧化碳浓度低于固定值时必须补充定量的二氧化碳气体，监控系统可自动完成，无须人工操作，极大地降低人工操作产生的误差，有利于提升农作物的产量和质量。

智能农业大棚环境监控系统包括四部分，如图 8-5 所示。

1. 传感终端

传感终端包括各种智能传感器，如无线空气温湿度传感器、无线光照传感器等。传感终端是采集数据的工具。

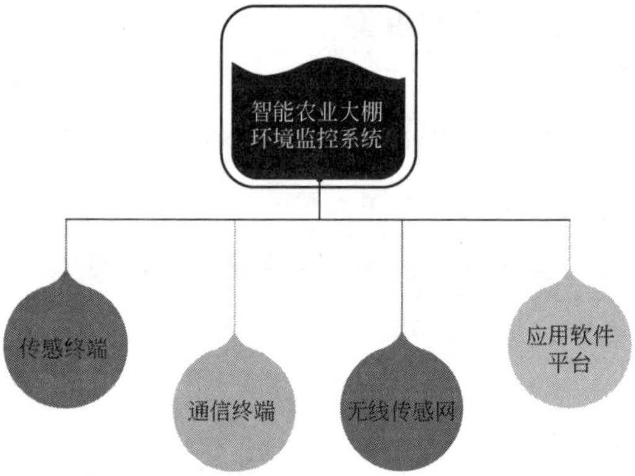

图 8-5　智能农业大棚环境监控系统

2. 通信终端

通信终端包括各种信息采集设备，也包括用户的电脑和手机，作用是实现设备间的信息传输。

3. 无线传感网

智能农业大棚环境监控系统中的无线传感网包括两部分：自组织网络和通信网络。前者是大棚内部的各感知节点间相互联系形成的网络，后者是各大棚间及大棚与控制中心之间形成的网络。两个网络结合，可实现控制中心对大棚中各个设备的统一监控。

4. 应用软件平台

应用软件平台用于对各项感知设备收集的数据进行存储、处理和挖掘，在中央控制软件的智能分析决策下输出有效指令，调控大棚内部的环境，给作物提供优良的生长环境。

智能农业大棚环境监控系统是智慧农业现代化进程中的一次积极尝试，能够实现农业大棚的精细化、全方位、无人化管理。随着人工智能技术的不断发展，智能农业大棚环境监控系统会更加智能，从而更好地处理大棚中的不确定性事件。

8.3.3　耕、种、管、收的大规模自动化

自动化是无人农场最大的特点。在无人农场中，从耕地、播种到管理、收

获全程都不需要人工参与。

深圳市农博创新科技有限公司（以下简称“农博创新”）基于物联网技术和大数据技术，全力打破农业数据壁垒，利用人工智能技术打造无人农场，如图8-6所示。

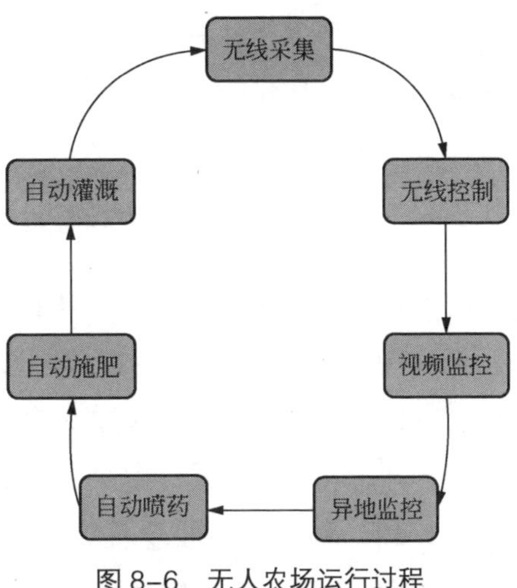

图8-6　无人农场运行过程

无人农场通过智能监控设备实时监控农场中温度、湿度、病虫害等多个维度的数据，在深度学习农业专家经验后建立分析模型，并将实时分析结果和处理建议及时传输给农场负责人。根据智能监控设备的建议，农场负责人可以向农场的智能设备下达一系列有科学依据的指令，如喷洒农药、进行灌溉、自动施肥等，实现对农场环境的远程即时调控。

农博创新打造的无人农场在数据传输能力和智能硬件设备方面有突出的优势。

在数据传输上，农博创新依据当地农场的特点制定多套数据传输方案，做到因地制宜。

对于大型农场，农博创新设计了LoRaWAN组网传输方案。该方案适合远距离传输，功耗和成本都比较低，而且具备绕射能力。经过测试，该方案最远可实现25公里范围内的数据传输，不仅能解决大型农场中网络信号弱及无线网覆盖不完全的问题，还能为农场负责人节约近90%的通信费用。

对于中小型农场，农博创新设计了多种混合数据传输方案，以供不同类型的农场灵活选择。

在智能硬件设备上，农博创新的智能传感器是自研自产的，各种性能都有较大的提升，而且在成本上更有竞争力。另外，农博创新的硬件设备优化了安装及操作流程，大幅降低了使用门槛，对推广普及无人农场具有促进作用。

无人农场能够推动传统农场变革，减少人力消耗，提高管理效率。例如，在传统农场中，面积为6亩的温室大棚至少需要两个人看管。而在农博创新的无人农场中，理想状态下三个人就可以管理100亩的温室大棚，人力成本降低60%以上。

无人农场实现了耕、种、管、收的大规模自动化，有利于推动现代农业朝着规模化、品质化的方向发展。

8.3.4 四川无人农场：从会种田到“慧种田”

在四川省成都市大邑县新华社区的“五良”融合无人农场中，小麦和水稻已经实现了耕、种、管、收等环节的无人化自动作业。“五良”融合无人农场把“良田、良机、良种、良法、良制”融入了智慧农场打造中，改变了传统农业生产理念和作业模式，解决了未来“谁来种地”的问题。

1. 耕、种、管、收全程无人化

“五良”融合无人农场借助智慧农业系统提供的数据支持，精准调控农作物生长环境，满足农作物生长需要。耕、种、管、收过程的少人化和无人化，吸引了很多技术人才从事农业生产，培养出一批新型农民。据测算，无人农场平均每亩地可以节约超过 30% 的劳动力成本，为农民增加 40% 以上的收入。

2. 提升无人驾驶农机设备的智能化程度

“五良”融合无人农场的目标是初步实现小麦和水稻两种作物在主要环节的无人化自动作业。其他设备经过测试后会根据耕作季节逐渐投入使用，推进更多智能农机设备的应用。

在无人农场示范区的机库中，有平地机、旋耕机、播种机、无人植保机等农业机械设备。但这里只需要不超过三名管理人员，他们用电脑或手机就能控制生产过程，只需要按照设备上的提示偶尔到田间视察、进行设备维护和能源补给。

3. 大邑数字农业监管平台

近年来，大邑县不断推进数字农业发展，全县 150 余家农场进行了数字化改造，向无人农场方向发展。

大邑县对标《数字乡村发展行动计划（2022—2025 年）》提出的 26 项重点任务中的“加快智慧农业技术创新”和“加快农业生产数字化改造”两项任务，大力发展智慧农业，培育新兴业态，以推进数字乡村建设，不断提升农业农村现代化水平。

具体来说，大邑县借助数字农业监管平台建设耕地自动监管系统，实现 40 万亩耕地可视化监管；推动“耕种防收”全链条智慧化服务，创建现代农业园区。

智慧医疗：推动医疗转型升级

一直以来，医疗成本高、渠道少、覆盖面窄等问题困扰着大众，而这些问题大多是医疗资源两极化、医疗监督机制不健全导致的。随着人工智能技术应用于医疗行业，这些问题逐渐得到解决。传感器、大数据平台、医疗机器人、可穿戴设备等人工智能应用让医疗服务实现了真正意义上的智能化、精准化，智慧医疗走进寻常百姓的生活。

9.1 日渐火爆的智慧医疗

随着相关技术的成熟和落地应用，智慧医疗领域的研究成果越来越多。医院里出现了很多新事物，如“刷脸”就医、智能问诊、医疗影像辅助诊断、疾病风险预测、体感游戏式康复训练等。同时，ChatGPT 也能够在智慧医疗领域得到应用，就医变得更加智能、便捷。

9.1.1 “刷脸”就医

在全民使用移动支付的时代，人们出门只需要携带一部智能手机，就能解决吃饭、购物、乘车等问题。但去医院看病却不是这么轻松，不仅流程烦琐，而且忘带身份证或社保卡就不能缴费，效率非常低。

随着人脸识别技术的发展，人们在很多场景都可以“刷脸”解决问题，如“刷脸”打卡、“刷脸”支付等。而现在新出现的“刷脸”就医让看病也可以摒弃那些烦琐的流程，实现更快捷、智能的就医。

“刷脸”就医的原理非常简单，即通过人脸识别技术采集信息，将绑定电子社保卡的患者个人支付账户与医院内部信息系统相关联，完成建档、分诊、挂号、医保结算等操作。

“刷脸”就医以电子医保全流程应用为载体，以医保电子凭证为媒介，实现了从卡结算到“刷脸”结算的转变。来医院就诊的患者即使身份证、现金、手机都没有带，也可以通过“刷脸”完成挂号、缴费等一系列操作。

“刷脸”就医不仅有效解决了患者忘带卡、不会使用手机等问题，缩短了就医时间，提升了患者的就医效率，还缓解了挂号、缴费、取药等窗口的排队压力，提升了医院的运转效率。

此外，患者在医保业务综合服务终端上“刷脸”后，终端会将信息通过市级医保专网逐级传输到省、国家医保电子凭证平台，患者的基本信息被回传至医疗机构后，形成就医凭证。当患者办理完所有在院的业务后，在终端上“刷脸”就可以自动与医保核心系统连通并完成就医结算。而且“刷脸”就医采用“实名+实人”核验技术，能够保证个人信息和医保基金安全。

目前，“刷脸”就医模式已经在全国多家医疗机构推行，未来还将进一步普及，提升大众的就医体验。

9.1.2 智能问诊

借助强大的算法，人工智能可以迅速收集医学知识，并在此基础上进行深度学习。也就是说，人工智能可以对医学知识进行结构化或非结构化的处理，然后变身为“医学专家”。此外，人工智能还可以模拟医生的诊断思维，对患者进行科学诊断。大数据以及云计算能够大幅提高人工智能的诊断准确率，从而辅助医生更高效地工作。

随着人工智能技术渐趋成熟，视觉识别也取得了长足发展。如今，智能医疗设备不仅能够“听懂”“读懂”人类的话语，还能够“看懂”人类的各种疾病。例如，医学影像识别设备就能“看懂”患者的病症，并为医生提供合理的解决方案，协助医生诊断疾病。

国外开展辅助诊断业务的企业有很多，IBM（国际商业机器公司）就是其中之一。IBM 旗下有一款非常强大的认知计算系统——Watson。IBM 公司与超过 20 个一流癌症研究机构展开合作，从这些机构中获取大量癌症相关的数据资源，并依托先进的人工智能技术，训练 Watson 掌握肿瘤学与基因学相关知识。仅花费一周时间，Watson 就“阅读”了 2500 篇相关的专业医学论文。这使 Watson 具备了辅助医生诊断、为医生提供可供选择的治疗方案或治疗建议的能力。

目前，Watson 能够支持 10 余种癌症的辅助诊疗，如直肠癌、肺癌、胃癌、肝癌等。它的辅助诊疗能力还在不断提升，在不远的将来，它将能够对 30 多种癌种进行辅助诊疗。

总之，Watson 开启了智能诊疗新时代。借助人工智能技术及海量的数据资源，Watson 能够有效提高医生的决策力和诊疗的准确性。相关数据显示，Watson 可以在 10 分钟内“阅读”2000 万份医学文献，然后帮助医生分析数据，给出治疗方案。

9.1.3 医疗影像辅助诊断

如今，很多医学影像仍然需要医生自己去分析，这种方式存在着比较明显的弊端，如精准度低、容易出现失误等。以人工智能为基础的“腾讯觅影”出现以后，这些弊端就可以被很好地消除。

腾讯觅影是腾讯旗下的智能产品，在最开始，该产品只能对食道癌进行早期筛查，而现在已经可以对多种癌症，如乳腺癌、结肠癌、肺癌、胃癌等进行早期筛查。目前，已经有超过 100 家三甲医院引入腾讯觅影。

从临床上来看，腾讯觅影的敏感度超过 85%，识别准确率达到 90%。只需要几秒钟的时间，腾讯觅影就可以帮医生“看”一张影像图。在这一过程中，腾讯觅影不仅可以自动识别并定位疾病根源，还会提醒医生对可疑影像图进行复审。

国家消化病临床医学研究中心柏愚教授表示，从消化道疾病来看，我国的食管胃肠癌诊断率低于 15%，5 年生存率仅为 30% ～ 50%。腾讯觅影能够提高我国的胃肠癌早诊早治率，每年可减少数十万名晚期病例。

可见，腾讯觅影有利于帮助医生更好地对疾病进行预测和判断，从而提高医生的工作效率，减少医疗资源的浪费。更重要的是，腾讯觅影还可以将之前的经验总结起来，增强医生治疗癌症等疾病的能力。

现在有很多企业在积极布局智能医疗领域，但不是有了成千上万的影像图就能得到正确的答案，而是要依靠高质量、高标准的医学素材。在全产业链合作方面，腾讯觅影已经与我国多家三甲医院合作建立了智能医学实验室。一些具有丰富经验的医生和人工智能专家也联合起来，共同推进人工智能在医疗领域更多场景落地。

目前，人工智能需要攻克的最大难点就是从辅助诊断到应用于精准医疗。例如，宫颈癌筛查的刮片如果采样没有采好，最后很可能误诊。采用人工智能技术之后，就可以对整个刮片进行分析，从而迅速、准确地判断是不是宫颈癌。

通过腾讯觅影的案例我们可以知道，在影像识别方面，人工智能可以发挥强大作用。未来，更多的医院将引入人工智能技术、设备，这样不仅可以提升医院的自动化、智能化程度，还可以提升医生的诊断效率以及患者的诊疗体验。

9.1.4 疾病风险预测

谷歌曾针对乳腺癌诊断组织了一场“人机大战”。起因是这样的：谷歌、谷歌大脑、Verily 公司联合研发了一款可以诊断乳腺癌的人工智能产品，为了对该人工智能产品的诊断效果进行进一步考察，谷歌决定让其与一位具有多年经验的专业医生展开比拼。

那位具有多年经验的专业医生花费了 30 多个小时，认真仔细地对 130 张切片进行了分析，最后以 73.3% 的准确率输给了准确率高达 88.5% 的人工智能产品。毋庸置疑，在医疗领域，人工智能正发挥着越来越重要的作用。

The Verge 的相关报道显示，北卡罗来纳大学的研究人员已经研发出一套可以预测自闭症的深度学习算法。这套算法会对婴儿的脑部数据进行不断学习，并自动判断大脑的生长速度是否正常，从而获得自闭症的早期线索。这样，医生就可以在自闭症症状出现之前介入治疗，而不需要等到确诊之后再开始治疗。提前介入的治疗效果更好，毕竟确诊前才是大脑最具可塑性的阶段。

当然，除了北卡罗来纳大学，还有很多大学也开始在 AI 领域布局。例如，斯坦福大学研发了一种机器学习算法，这种算法可以直接通过照片诊断皮肤癌，而且诊断准确率远高于具有丰富经验的皮肤科医生。

在护理方面，AI 也可以达到非常不错的效果。加州大学洛杉矶分校介入放射学的研究人员借助人工智能开发出一个介入放射学科的智能医疗助手。

该助手可以与医生展开深度交流，对一些比较常见的医疗问题，可以在第一时间给出具有医学依据的回答。这个助手能够让医疗机构里的每一个角色受益。

例如，医生可以把电话沟通的时间节省下来，用于照顾患者；护士可以更迅速、便捷地获得医疗信息；患者可以更加准确地掌握与治疗有关的情况，获得更高水平的治疗与护理。

可见，无论是在预测疾病方面，还是在诊断疾病方面，人工智能都扮演着非常重要的角色。也正是因为如此，面对疾病，医生、护士、患者都可以更加从容，更重要的是，疾病的治愈率有所提升。

9.1.5 体感游戏式康复训练

很多人都希望自己可以有一套坚硬无比、能抵御“侵略”的“铠甲”，即“智能外骨骼”。不过，传统的智能外骨骼仅限于让人们跑得更快、跳得更高或者帮助身障人士进行复健。

如今，借助深度学习技术，智能外骨骼有了更为人性化的设计，给人们带来良好的体验。整体而言，基于人体仿生学的“智能外骨骼”有三个显著的优势。

首先，智能外骨骼类似于我们身穿的衣服，非常轻便、舒适；其次，借助模块化设计，能够满足用户私人定制的个性化需求；最后，借助仿生结构设计和智能算法，能够避免传统外骨骼行走僵化的问题，可根据个体的身体特征，提供最优的助力行走策略。

俄罗斯ExoAtlet公司研发了两款智能外骨骼产品，分别是ExoAtlet Ⅰ和ExoAtlet Pro，这两款智能外骨骼产品有着不同的适用场景。

ExoAtlet Ⅰ主要适用于家庭场景。对于下半身瘫痪的患者来说，ExoAtlet Ⅰ简直是“神器”。借助ExoAtlet Ⅰ，下半身瘫痪的患者能够独立行走，甚至能够独立攀爬楼梯。这样，身障人士不用坐在轮椅上，不用整天由他人照顾，也不会因长期卧床而感到悲伤。相反，他们会因能够重新行走而感到快乐和自由，这就是人工智能带来的神奇效果。

ExoAtlet Pro主要适用于医院场景。相较于ExoAtlet Ⅰ，ExoAtlet Pro有着更多元的功能，如测量脉搏、进行电刺激、设定标准的行走模式等。ExoAtlet Pro会让身障人士获得更多的锻炼，会使他们的康复训练更加科学，他们能更快地恢复健康、恢复自信。

智能外骨骼产品拥有强大的性能，不仅能大幅提升身障人士的生活质量，提高他们行走的效率，还能成为行动不便的老年人的得力助手。另外，在一些领域，智能外骨骼也可以给普通人提供帮助，例如，帮助人们攀登险峰、在崎岖的山路快速行走。总而言之，在智能外骨骼的助力下，无论是身障人士还是健康人士，都可以拥有更好的生活体验。

9.1.6 人工智能与蛋白折叠革命

“渐冻症”是长期折磨知名物理学家史蒂芬·霍金的一种罕见病。长期以来，生物科学家们都受困于核孔蛋白难题，难以找到根治这项疾病的有效方案。

科研人员认为，渐冻症与由核孔蛋白组合而成的核孔复合体有关，若能深入了解核孔蛋白及核孔复合体，那么根治渐冻症的可能性将会大幅增加。然而，核孔复合体往往是由超过 30 种且多于 1000 条的核孔蛋白构成的，且每条蛋白仅有数纳米长，它们通常呈现出极为复杂的交错折叠状态，这对科研人员的进一步研究造成了极大阻碍。

2022 年，来自哈佛大学的彼得罗·丰塔纳团队在人工智能研究公司 DeepMind 开发的蛋白质预测模型 AlphaFold 的帮助下，成功攻克了困扰众多生物科学家许久的核孔蛋白难题。

AlphaFold 是一款蛋白质预测模型，据 DeepMind 称，在 2021 年，该模型能够预测出涵盖人类蛋白质组 98.5% 和 20 种生物蛋白质的 35 万种蛋白质结构。一年后，AlphaFold 的数据库实现了 1000 倍扩容。当前，AlphaFold 已经能够预测地球上所有已知生物的 2.14 亿种蛋白质结构，其中，有 80% 的预测结果的置信度足以支撑实验研究。

丰塔纳称，借助 AlphaFold，其团队成功搭建了核孔复合体的胞质环精细模型，AlphaFold 的出现，将极大地推动结构生物学实现变革性发展。

蛋白质的最终形态是如何扭曲或折叠形成的，一直是生物学界的一个重点问题。假设每条氨基酸都有展开与折叠两种形态，而每个蛋白质都由 100 条氨基酸组成，那么其可能存在的 3D 结构数就是 2 的 100 次方。在这众多可能性中，有且仅有一个结构是稳定的 3D 结构。

对于人类来说，处理这样的数据量是一大难题，而对于人工智能来说，这正是其擅长的领域。AlphaFold 不仅预测出所有生物的蛋白质结构，还实现了数据库的开源，为生物学界众多科学家的研究带来极大帮助。不管是在药物研究与筛选方面，还是在蛋白质设计，甚至复杂生命的起源研究方面，人工智能都将发挥作用，给医疗行业带来重大突破。

9.1.7 ChatGPT+医疗

在传统的搜索引擎中，由于人人都可以上传内容、人人都可以回答问题，因此通过搜索引擎搜索获得的答案质量良莠不齐。而且，搜索引擎中可能不存在与提问者所提问的问题正好匹配的回答，而等待他人回答则需要耗费大量时间成本。

作为一款对话式AI模型，拥有海量数据库的ChatGPT能够回答各个领域的各种问题。与传统的搜索引擎相比，ChatGPT能够精准识别提问者的需求，为提问者提供更加适配、专业的答案。

曾有一句玩笑式的言论称，“网络看病，癌症起步”。虽然这有一定的夸张成分，但侧面说明当前市面上的搜索引擎关于医疗相关问题的答案专业性严重不足。因此，在医疗领域，准确性与专业性更强的ChatGPT有着十分明显的优势。

例如，当使用者出现某些不适症状但不清楚应该去医院的哪个科室就诊时，就可以通过询问ChatGPT获取答案。ChatGPT不仅能够根据症状向使用者推荐相应的科室，还能够对科室的职能进行简单介绍，帮助使用者更快做出决策。

然而，ChatGPT并不能完全取代医生完成诊疗。当前，ChatGPT的语料库还不够完善，仍处于不断更新中。其并不能全面地涵盖生活中可能出现的所有问题，对于医疗相关问题的回答的质量也不稳定。因此，使用者可以将ChatGPT提供的意见与建议作为决策的参考，但不能未经确认就完全相信。

ChatGPT处于发展中，在经过大量专业医学知识的训练后，ChatGPT能够作为智能用药助手、智能导医助手、智能分诊助手等，为使用者提供医疗领域的专业帮助。同时，还能够极大地减轻医生的工作负担，提高其工作效率。

ChatGPT还具备十分强大的文本理解与生成能力，这使其能够自动生成结构化文本，如医嘱、病历、诊疗方案等，帮助医生快速完成病历整理等工作。

9.2　智慧医疗的三大优势

智慧医疗不仅可以提升医疗机构的信息化水平，让医疗机构更高效，还可以根据数据更准确地预测疾病并为个体提供精准治疗方案。

9.2.1　医疗机构更高效

智慧医疗能够显著提高医疗机构的运营效率。谷歌、微软、IBM 等公司都为推进智慧医疗的发展做出了重要贡献。随着人工智能技术的发展，智慧医疗将迎来新的变革。

下面以电子病历为例，阐明人工智能对智慧医疗的意义。

电子病历是一个数据库，里面存储了患者的数据。借助电子病历，医生可以调取患者所有的数据，这对指导医生用药有很大的帮助。另外，在征得患者同意的前提下，电子病历可对外开放，给研究人员的研究提供帮助。

纸质病历保存不易、查找困难，智慧医疗的第一步就是将患者的病历电子化。形成电子病历后，人工智能技术能够让电子病历有更多的应用空间和应用场景，如精准匹配临床试验的患者等。

在进行临床试验的过程中，一个有困难的步骤是将患者和临床试验进行匹配。造成这个困境的原因很多，例如，医生的空余时间有限，很难获得实时更新的临床试验信息，无法向患者及时发布；大部分患者即使看到试验信息，因不清楚自身适合参加什么类型的临床试验而选择放弃等。电子病历出现以后，这些问题得到一定的缓解，但仍不能实现精准匹配患者和临床试验。

Mendel.ai 公司开发出一款针对临床试验招募的人工智能系统，能够有效解决上述问题。患者在该系统中自行上传或委托医生上传电子病历，系统自动将患者的数据和录入的临床试验数据进行实时精准匹配，并实时刷新匹配结果。一旦匹配成功，系统会立刻通知患者参加临床试验。

在临床试验中，不同的试验组会有不同的入组标准，入组前的检查需要由人工完成。试验人员需要将招募的患者的情况和每一条入组标准进行比对，以明确患者能否入组。电子病历的出现使患者的数据提取变得更加容易，数据匹配的效率提高。Mendel.ai 公司负责人曾表示，这些试验数据每周都会更新，单靠人力进行数据匹配，根本不现实。

人工智能技术使患者与临床试验智能匹配成为可能。Mendel.ai 公司利用人工智能技术在患者、医院、临床机构三者之间搭建沟通的桥梁，加速了医疗行业精准匹配临床试验的进程。

智慧医疗的最终目的是打通整个医疗行业的数据壁垒，提高医疗机构运营效率。初步的信息化发展预示数据全面联通的可能性，人工智能技术则带来打通数据壁垒、智能匹配数据的希望。人工智能技术在医疗机构中的应用能够进一步提升医疗机构的运营效率。

9.2.2 疾病预测更准确

提前预测疾病可以大幅降低疾病发生的风险。人工智能技术在医疗健康领域的发展，给智能预测疾病带来新的可能。

Unlearn. AI 公司研发出一款人工智能系统，可实现对阿尔兹海默症的预测。

阿尔茨海默症，俗称“老年痴呆”，不仅治疗费用昂贵，而且致死率极高。根据阿尔茨海默症协会提供的相关数据，如果能够通过早期筛查检测出患上阿尔茨海默症的可能，后期的医疗费用将极大地降低。

Unlearn. AI 公司设计的系统主要分为两大部分，如图 9-1 所示。

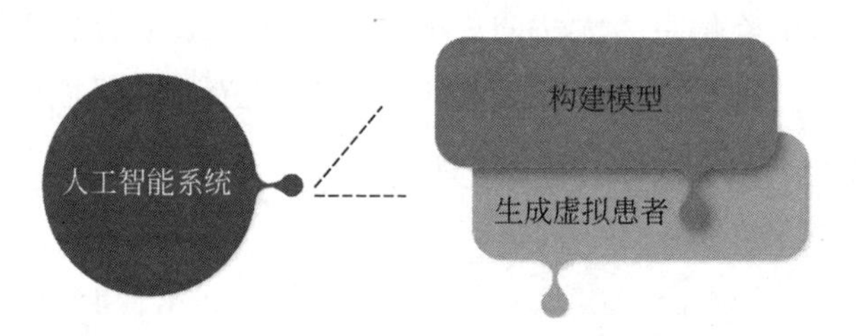

图 9-1　Unlearn. AI 公司设计的人工智能系统

1. 构建模型

开发团队利用临床数据进行数据建模，然后基于数据库进行测试。数据库来源于抵御重大疾病协会（CoaliTIon Against Major Diseases），该数据库中收集了近 2000 名阿尔茨海默症患者的数据，涵盖数十个相关的变量。

开发团队使用的测试方法为常用的检测认知障碍的测试方法，如“老年痴呆”量表——认知和简短精神状态检查。

2. 生成虚拟患者

经过测试后，研究人员能够用模型生成虚拟患者，虚拟患者的认知测试分数、实验室测试数据、临床数据也会一起生成。利用虚拟患者，研究团队能够预测阿尔茨海默症的患病风险，并不断修正研究结果。

根据研究人员的介绍，该系统可以实现对阿尔茨海默症的精准预测，也可以用于预测其他类似的退行性疾病。一位研究人员表示，“我们所实现的对阿尔茨海默症的症状预测方法，能够很好地扩展到其他疾病上去”。

人工智能能够使疾病预测的准确性更高，加快疾病的检测进程，降低医疗费用。研究人员在疾病预测领域的不断研发能够进一步促进人工智能在医疗领域的深入应用，推动智慧医疗的实现。

9.2.3 个体治疗更精准

随着智慧医疗的发展，精准医疗成了医疗行业追求的目标。精准医疗致力于解密基因数据，根据个体基因的不同对个体实施针对性的治疗，以精准解决患者的问题，减少患者的痛苦。

精准医疗之所以能做到精准，是因为采用的医疗手段以基因数据为依据。但根据基因数据进行分析，意味着庞大的计算量。随着深度学习技术不断优化，计算机系统能在已有数据的基础上不断学习，总结疾病的特征，为患者提供精准的治疗。许多公司应用深度学习算法在精准医疗上取得不错的成绩，这也证明人工智能在推进精准医疗方面具有可行性。

青岛百洋医药集团旗下的百洋智能科技股份有限公司与IBM公司达成合作，成为IBM公司在我国的独家分销商。双方基于人工智能技术在肿瘤基因组方面进行深入研究，推进致癌基因突变的精准医疗服务发展。

由于人们的生活压力加大、有不良生活习惯等因素，癌症的发病率越来越高，年轻癌症患者越来越多。相关研究数据表明，每年我国的癌症确诊病例高达430万，死于癌症的人数有280万。这些数据显示出人们在检测癌症发病率上的巨大需求：医生需要智能工具帮助自己进行精准决策，患者需要精准的治疗方案。因此，将人工智能技术应用于基因检测，推动精准医疗落地刻不容缓。

IBM公司总经理曾表示，沃森基因组学（Watson for Genomics）使肿瘤医生更快、更轻松地洞察患者的基因问题。它能扩大专业知识的普及范围，帮助肿瘤专家制定更有效的解决方案，从而使精准医疗更广泛地落地。

在肿瘤研究领域，发现基因突变时，医生能够通过将基因突变的数据和已有的分子靶向治疗方案相匹配的方法得到精准的治疗方案。利用人工手段对患者的基因数据进行解读往往要耗时几天，甚至几个星期，运用人工智能技术后，这一过程只需几分钟。

沃森基因组学具有多种功能，如图9-2所示。

图9-2　沃森基因组学的功能

1. 整理基因数据

沃森基因组学平均每个月产生超过1万篇科学论文数据和100项新的临床数据，但只需短短几分钟就可将这些数据系统化，并对每一个基因组变异进行注释。这是常规人工手段无法实现的。

2. 根据基因数据匹配潜在癌症风险

沃森基因组学读取患者的基因组数据后，可快速将这些数据和临床、研究等方面的数据进行比对，检测和患者匹配的肿瘤基因突变的可能，并生成匹配的癌症预防方案。

3. 为执业医师提供分析工具

通过临床医师上传的不包含患者个人信息的肿瘤活检测序结果，沃森基因组学可以分析患者的基因组数据，找出与病情变化相关的DNA变化。针对这些DNA变化，沃森基因组学会提出更加精准的治疗方案，为执业医师提供决策依据。

沃森基因组学以人工智能技术为核心，从患者的基因突变角度出发，分析得出精准、有效的医疗方案。从沃森基因组学的案例我们可以看出，人工智能的进步推动精准医疗不断发展。随着人类对基因组数据的解读越来越深入，人工智能技术会使精准医疗的效率越来越高。

9.3 智慧医疗案例分析

智慧医疗落地应用的案例有很多，下面具体介绍 Smart Specs 智能眼镜、谷歌算法以及 Deep Care 这三个案例。

9.3.1 Smart Specs 智能眼镜：提升视障人士视力水平

眼睛能够让我们看到美好的花花草草，看到光怪陆离的大千世界。可是，视障人士无法看到五彩缤纷的世界，这是一件很痛苦的事情。他们渴望重见光明。著名盲人女作家海伦·凯勒的《假如给我三天光明》就体现了视障人士最大的愿望。

在过去，视障人士一生都要生活在黑暗的世界里。在人工智能时代，借助人工智能技术，视障人士能够看到精彩纷呈的世界。初创公司 VA-ST 开发的 Smart Specs 智能眼镜就能够帮助视障人士重新看见世界。

VA-ST 公司是从牛津大学起步的一家科技型初创公司。公司的联合创始人是史蒂芬·希克斯（Stephen Hicks）博士。他是牛津大学神经科学和视觉修复的研究人员，一直都比较关注视障人士的生活，希望能够研发出一款智能设备，让他们的生活更加便捷。VA-ST 公司就是在这样的愿景下成立的。

Stephen Hicks 与自己的团队攻坚克难，终于研发出 Smart Specs 智能眼镜。这款智能眼镜能够在利用黑、白、灰等色彩的基础上，配合一些微小的细节显示我们周围的世界。而且这款眼镜还使用了深度传感器以及相关软件，能够通过高亮模式显示附近的人或者物体，使得视障人士基本上能够看出它们的轮廓。

Smart Specs 智能眼镜的构成要素只有三个，分别是内部的三个智能摄像头、一个核心的中央处理器和一个超清的显示屏。智能摄像头相当于人的眼睛，能够快速捕捉外界的各种事物；中央处理器相当于人的视神经系统，能够高效分析外界事物的特征；显示屏相当于人的视网膜，能够将外在事物清晰地呈现出来。

对于色盲患者来说，超清的显示屏能够提高画面的对比度，帮助他们有效地分辨物体。对于彻底失明的患者来说，显示屏能够让他们知道物体的大致位置。

Smart Specs 智能眼镜的摄像头能够智能预测物体与使用者之间的实际距离。即使在黑暗的环境中，Smart Specs 智能眼镜也能够正常使用。此外，用户可以根据自己的需求，对智能眼镜的一些功能进行自定义。

新事物有优点，自然也会存在难以避免的缺点。Smart Specs 智能眼镜目前存在三个缺陷，这也是其日后改进的方向。

缺陷一：当前的 Smart Specs 智能眼镜过于笨重。对于视障人士来说，笨重的智能眼镜会增加他们的负担。Smart Specs 智能眼镜在外观上类似于 VR（Virtual Reality，虚拟现实）眼镜。当我们佩戴 VR 眼镜超过一个小时，就会有头晕目眩的感觉。如果视障人士整天戴着沉重的 Smart Specs 眼镜，眩晕的感觉会更加强烈。

对于这一缺陷，Stephen Hicks 表示，目前正在寻找一种新的方法，使这款眼镜的外观更加轻巧、好看。Stephen Hicks 和他的团队希望长距离的深度摄像头能够和这款智能眼镜完美配合。

缺陷二：Smart Specs 智能眼镜的价格过高。这款智能眼镜的售价约为 1000 美元，对于大多数视障人士来说，这是一笔不小的开支。

对于这一缺陷，Stephen Hicks 和他的团队致力于开展各种融资活动。他们希望通过融资研发新的技术，招募新的技术人员，以提高生产效率，降低生产成本，让更多的视障人士获益。

缺陷三：Smart Specs 智能眼镜耗电快。超清的显示屏、智能的摄像头，都是很费电的设施。一部智能手机如果持续耗电，也只能使用 4 ～ 6 个小时。智能眼镜的摄像头的耗电量与智能手机拍照时的耗电量无异。耗电过快而又不及时充电会缩短智能眼镜的使用寿命，这也是一种成本浪费。针对这一问题，目前主要是采取新能源、备用电池的方式来解决。

从整体来看，Smart Specs 智能眼镜利大于弊。虽然这款眼镜不能帮助视障人士恢复视力，但是他们能够在智能眼镜的帮助下最大限度地呈现现有的视力水平，了解周围的环境，感受到生活中的美好。

9.3.2 谷歌算法：精准预测糖尿病性视网膜病变

糖尿病性视网膜病变是一种令糖尿病患者非常担忧的眼部疾病。这种眼部疾病极易导致糖尿病患者失明。相关权威数据显示，目前全世界大约有 4.15 亿名糖尿病患者面临糖尿病性视网膜病变的风险。

糖尿病性视网膜病变导致失明的原因在于，连接视网膜的光敏器官病变，其中的微小血管坏死。糖尿病患者的血糖高，导致血压升高，而高血压会压迫血管。如果病变出现在眼部，而且不进行科学的预防和诊断，就会损伤眼部血管，短期内会引发视觉模糊，长期来看则会有失明的风险。

其实，糖尿病性视网膜病变在早期是可以预防的。如果早预防、早诊断，就能降低发病的概率，这样一些糖尿病患者就不会有失明的风险，他们仍然可以看到多彩的世界。

检测糖尿病性视网膜病变的常见方法是让专业的医生对患者进行科学的检查。一般来说，专科医生会借助医疗影像仔细检查患者眼后部，以确定糖尿病患者是否有眼部病变的风险。正常情况下，所有的糖尿病患者每年都应该进行系统的检查，从而有效预防或尽早治疗糖尿病性视网膜病变。

可是，由于经济水平和科技发展的限制，很多糖尿病患者还是失明了。如今，人工智能的发展，特别是算法的进步，将会给糖尿病患者带来福音。

谷歌团队曾经创建一个超大规模的眼科数据集，包含 12.8 万张患者的眼部照片。借助神经网络技术和深度学习算法，谷歌让人工智能系统自主检测这些照片，学习病变的特征，从而提高人工智能的诊断水平。

对于谷歌算法的自动分级功能，相关研究人员表示，糖尿病视网膜病变的自动分级具有潜在的益处，例如，提高筛查程序的效率、可重复性和覆盖范围，减少获取障碍，通过提供早期检测来改善患者治疗情况。为了最大化利用自动分级的临床效用，确实需要一种检测可疑糖尿病视网膜病变的算法。

在经过大量的眼底影像数据训练后，谷歌算法能够精准地检测糖尿病性视网膜病变。目前，谷歌算法在这方面的诊断准确率已经超过 90%。

谷歌团队中的相关研究人员曾在美国医学协会杂志 *JAMA* 上发表了一篇深度研究的论文。在论文中，研究人员明确地指出了谷歌算法诊断糖尿病性视网膜病变的优势。相关内容如下：这种用于检测糖尿病性视网膜病变的自动化系统有几个优点，包括解释的一致性（因为机器将每次对特定图像进行相同的预测）、高灵敏度和特异性以及近似瞬时报告结果呈现。因为算法具有多个操作点，其灵敏度和特异性可以调整以匹配特定临床设置的需求，例如，筛选设置的高灵敏度。

对于糖尿病性视网膜病变患者来说，谷歌算法的问世无疑是令人振奋的好消息。可是谷歌团队认为，目前谷歌算法的精确度还不够，还需要寻找新的方法、与专业的医生合作，进一步提升谷歌算法诊断的精准度。例如，谷歌的一位研究员解释道："这种算法也不能全面替代眼科检查，在某些情况下，还是需要由专门的眼科医生使用 3D 成像技术来详细检查视网膜的各个层。"

谷歌旗下的 DeepMind 部门也致力于将深度学习算法和 3D 成像技术进行密切结合，进一步帮助医生提高眼部疾病诊断的准确度，给眼部病变的患者带来更大的康复希望。

9.3.3 Deep Care：辅助基层医生的影像诊断

随着人工智能和医疗行业结合的程度越来越深，人工智能技术在医疗影像方面实现落地应用。Deep Care 是一家以人工智能为核心技术，专注于医学影像识别和筛查的科技公司。它的目标是开发出一个医疗影像领域的"大数据＋人工智能"平台，让所有的医疗硬件软件都实现智能化。

Deep Care 通过融合机器视觉、深度学习技术和大数据挖掘技术，使医学影像识别技术更加快捷、高效。Deep Care 与医疗硬件厂商合作，为一些不具备深度学习能力的中小设备制造商以及基层医疗机构提供人工智能算法，帮助它们节省研发费用。

Deep Care 通过两种途径实现为基层医生进行影像诊断提供辅助这一目标：一是直接面向基层医生，为其提供人工智能辅助诊断服务；二是通过远程影像诊断的方式间接帮助基层医生提高诊疗效率。

为了实现这一目标，Deep Care 在产品上秉持两个宗旨，如图 9-3 所示。

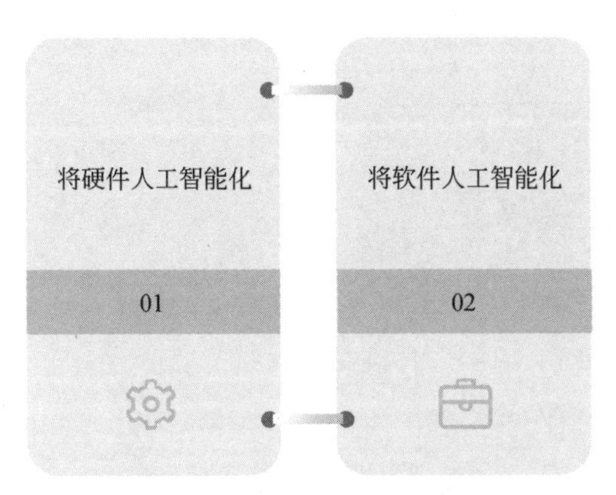

图 9-3　Deep Care 的产品宗旨

1. 将硬件人工智能化

将硬件人工智能化指的是和医学影像硬件厂商合作，尤其是和那些人工智能技术较为薄弱的中小型设备生产商合作。相较于外包团队，Deep Care 进行人工智能算法开发的费用更低，而且可以通过提供医疗数据的方式抵扣费用，因此中小型厂商的开发成本不会过高。

2. 将软件人工智能化

将软件人工智能化是通过和远程医疗平台合作，为专家提供人工智能虚拟助手。首先，人工智能化的软件可以进行预测筛查，提前筛选出患者影像中的可疑部分，减轻医生的负担。

其次，人工智能化的软件可以自动生成部分诊断报告，为医生的诊断提供参考。医生对报告进行修改，系统会学习医生的处理方法，不断完善。

最后，人工智能化的软件还能实现“以图搜图”的功能。如果医生以前处理过类似的影像，软件可自动显示出当时的诊断结果和处理方案，给予医生一定的参考，方便医生快速确定诊断结果和治疗方案。

经过不断的发展，Deep Care 积累了一些影像数据，例如，Deep Care 收集了超过百万张完整的肺部 CT 影像。想要研发更全面的医学影像处理技术，还需要更多部位、更多种类的影像数据的支持。尽管存在一定困难，但通过和医疗机构进一步合作，Deep Care 的人工智能影像识别技术获得突破还是有可能实现的。

第 10 章

智能制造：适应生产力高要求

制造业是我国的支柱产业之一，是衡量综合经济实力和国际竞争力的重要指标，制造业必须不断创新以提升生产能力。如今，以互联网为载体的信息技术飞速发展，新技术与制造业的融合将带来新的机遇，而智能制造是制造业适应高生产力要求以及数字化时代变革的必然结果。

10.1 智能制造成为新风口

智能制造融合了信息技术与制造技术，贯穿于生产、管理、服务等各个环节，其发展程度关乎我国制造业发展水平，对实现新型工业化具有重要的促进作用。如今，智能制造已经成为全新风口，各个领域中的企业都在积极布局。

10.1.1 智能制造现状分析

2021 年，韩国一家机械制造商与高科技公司亮风台达成合作，共同打造了智能巡检 AR 系统。该系统需要配合 AR 眼镜使用，可以帮助相关人员对各类工程设备进行巡检与维修。有了该系统，即使相关人员身处异地，也可以通过远程技术支援识别故障并给出解决方案。

另外，如果故障比较严重，支援人员可以提前到现场了解情况，然后在现场与维修人员进行远程协作，根据维修人员的指示和要求解决故障。这极大地提高了维修效率，也可以防止因为设备故障而被迫停工，从而影响工程进度，给客户造成严重损失。

除了韩国这家机械制造商，宝武钢铁也引入了亮风台的 AR 系统，创新了传统的设备运维工作模式。之前，宝武钢铁的运维人员只能通过邮件、电话、微信等方式进行协作，随着元宇宙、5G、云计算、大数据、人工智能等技术的发展，运维人员可以佩戴 AR 眼镜开展运维工作，并与同事进行高效的远程协作。远程协作过程会被完整地记录下来，从而进一步提升信息交互能力，使身处不同城市的运维人员获得沉浸式协作体验，帮助企业实现智能制造。

智能制造源于人工智能技术的升级，包括智能制造技术和智能制造系统，是制造业发展的目标。作为制造业大国，我国的智能制造发展到什么程度了呢？

我国具备发展智能制造的基础和条件。

（1）在智能制造领域，我国取得了大量基础研究成果，包括机器人技术、传感技术、智能信息处理技术等，初步建成了包括智能控制系统、工业机器人、自动化成套生产线等设施的智能制造工业体系。

（2）我国的制造业有一定的数字化基础。目前，我国规模以上工业企业的数字化工具应用普及率达到 54%，生产线数控设备占比达 30%。

然而，我国的智能制造还有很大的进步空间。

1. 基础理论和技术体系建设滞后

我国主要以智能制造技术跟踪和引进为主，基础研究能力相对不足，缺乏原始创新。而且，我国的控制系统、系统软件等关键技术体系尚不完善。

2. 关键技术和核心部件受制于人

我国大型工程机械所需的高端传感器、智能仪器仪表、高端数控系统等大部分依赖进口，国产产品的市场份额不足 5%。

3. 缺乏高端软件产品

我国制造企业的集成度相对较低，虽然低端的 CAD（Computer Aided Design，计算机辅助设计）软件和企业管理软件已经在许多企业中普及，但它们难以满足复杂产品设计和不断变化的企业管理需求。我国还缺乏一些高端的工业软件产品，特别是计算机辅助设计、资源规划等关键领域的产品。

目前，智能制造是我国制造业发展的主要方向。制造企业想在未来的竞争中获得优势，必须加快数字化转型的步伐，提高产品创新和管理能力，实现提质增效。

10.1.2 数字经济与智能制造

在数字经济时代，产品制造有了全新的定义。技术贯穿产品制造的每个环节，催生了智能制造，为用户带来个性化的极致体验。

制造领域发生的变革主要体现在四个层面：应用层、操作层、网络层、感知层，如图 10-1 所示。

1. 应用层：自动化生产线

自动化生产线以连续流水线为基础，工人不需要操作，所有设备都按照统一的节奏运转。要建立一条这样的自动化生产线，需要控制器、传感器、机器人、电机等设施。例如，凯路仕曾购置一批自动化焊接机器人，每天能帮助某单车企业生产上万辆自行车。凯路仕能实现生产效率提升的主要原因就是用焊接机器人代替工人，机器人不需要休息，能够一直工作，因此能够在保证质量的同时加快生产速度。

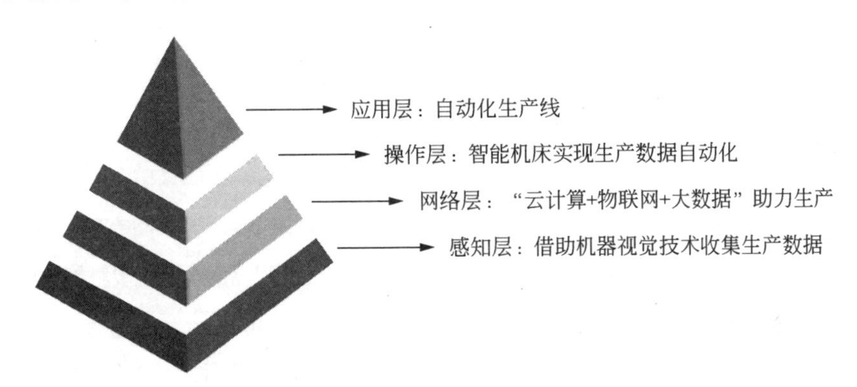

图10-1 制造领域发生的变革的四个层面

此外，在凯路仕的自动化生产线上，全自动运输带也是标配。通过运输带，已经焊接的车架被送往涂漆、贴标、组装等环节。这样不仅便于工人操作，还可以将垂直空间全部利用起来，增加自行车的产量。

2. 操作层：智能机床实现生产数据自动化

在数字化时代，企业通过采集和分析生产数据，可以实时监控每台设备的运行状态和异常情况。另外，通过电脑系统或手机系统，生产中的一些重要事件可以立即传达给相关负责人，帮助他们实现透明化、实时化管理。

博世是德国的一家制造企业，在其工厂中，每个工件或者放置工件的盒子上都贴着无线射频识别电子标签。电子标签记录了生产数据和产品信息，相关负责人可以随时随地查看工件所处的位置、产品的加工时间等。

借助数字化手段，生产数据可以互联互通，实体世界与虚体世界可以融合在一起。对于制造领域来说，这是非常有意义的：一方面，这会使生产走向智能化、集约化、柔性化；另一方面，这能够提升企业的效益，推动行业发展。

3. 网络层："云计算＋物联网＋大数据"助力生产

现在几乎每个工厂都会配备大量服务器，这些服务器成本高、算力低。借助云计算技术，工厂可以在世界各地远程调用服务器，不仅更省时、省力，成本也降低了不少。自动化设备的应用主要得益于物联网，物联网可以对设备进行预测性维护，使不间断生产成为可能。企业可以采集与用户相关的数据，并分析用户的喜好和需求，然后进行产品设计，从而使产品更受用户欢迎。这样既节省了成本，又精准地满足了用户的需求。

4. 感知层：借助机器视觉技术收集生产数据

说到数字化生产，就不能不提机器视觉技术。该技术可以实现多种功能，如定位、识别、检测等。万物互联和智能制造能否实现的关键就在于该技术能否真正落地。

机器视觉可以接收大量的信息，融入此技术的设备相当于拥有了一双“3D眼睛”。借助蓝光投影扫描成像技术，这双“3D 眼睛”每秒钟可以拍摄几十张图片，而且像素非常高。通过拍摄的图片，机器视觉可以给零件建立坐标，然后分辨出哪个零件在上面、哪个零件在下面，这大幅提升了生产效率。

机器视觉还可以为生产带来更多便利。例如，通过定位引导机械手臂准确抓取、判断产品有没有质量问题、检测人眼无法检测的高精密度产品、对数据进行采集和追溯等。在生产过程中，机器视觉可以收集很多有效信息。

随着各种新技术的开发和应用成本不断降低，更多高效的算法、科学合理的方案、强大的硬件都会出现，这会推动传统制造企业的数字化转型进程，促进智能制造实现。

10.1.3　资本强势入局智能制造

人工智能为制造行业创造了一片蓝海市场，随着人工智能技术的进一步发展，全球掀起了一股新的投资浪潮。老牌企业纷纷入局智能制造领域，整合自身资源制定“人工智能 + 制造”战略，力争成为行业中的领头羊。

例如，百度推出质检云，大幅节省人力。百度质检云基于百度人工智能、大数据、云计算技术，深度融合了机器视觉、深度学习等技术，不仅识别率、准确率非常高，而且易于部署和升级，省去了需要质检人员干预的环节。

针对产品质检，百度质检云可以通过对多层神经网络的训练，检测产品外观缺陷的形状、大小、位置等，还可以对同一产品上的多个外观缺陷进行分类识别。针对产品分类，百度质检云可以基于人工智能技术为相似产品建立预测模型，从而实现精准分类。

质检云适用于很多类型的工厂，如需要大量质检人员的屏幕生产工厂、LED芯片工厂、炼钢工厂、炼铁工厂、玻璃制造工厂等。综合来看，百度质检云适用的场景包括但不限于以下几个。

（1）光伏EL质检。百度质检云可以识别出数十种光伏EL的缺陷，如隐裂、单晶/多晶暗域、黑角、黑边等，使缺陷分类准确率有了很大提升。

（2）LED芯片质检。百度质检云通过深度学习对LED芯片缺陷的识别及分类，使得质检的效率和准确率都有了很大提升。

（3）汽车零件质检。百度质检云可以对车载关键零部件进行质检，而且支持多种机器视觉质检方式，在很大程度上加快了质检的速度。

（4）液晶屏幕质检。百度质检云可以根据液晶屏幕外围的电路，设计并优化预测模型，大幅提升了产品合格率，降低了召回率。

10.1.4 海尔如何成为智能制造引领者

在智能制造方面，海尔是引领者，处于制造业的龙头位置，其旗下的互联工厂是极具代表的智能工厂。

从建立之初，海尔互联工厂的宗旨就是“以用户为中心”，致力于满足用户需求，提升用户体验，实现产品迭代升级。在这一宗旨的引领下，海尔互联工厂尽力满足用户需求，不断提升产品的价值，例如，通过可定制的方案、可视化的流程与高效的生产，为用户提供个性化、多元化的消费体验。此外，借助模块化技术，海尔互联工厂的生产效率提高了20%。相应的，产品开发周期缩短了20%，运营成本降低了20%。这样良性循环，最终提升了库存周转率以及能源利用率。

人工智能如何改变海尔互联工厂的生产模式？具体体现在以下四个方面。

（1）模块化生产为海尔互联工厂的智能制造奠定了基础。原本需要300多个零件的冰箱，借助模块化技术，只需要23个模块就能生产出来。

（2）海尔借助前沿技术进行自动化、批量化、柔性化生产。

（3）通过三网（物联网、互联网和务联网）融合技术，在工业生产中实现人人互联、机机互联、人机互联与机物互联。

（4）智能化体现在两个方面：产品智能和工厂智能。产品智能就是借助NLP技术，使海尔的智能冰箱能“听懂”用户的语言，并执行相关的操作。工厂智能是指借助各项人工智能技术，通过机器完成不同类型及数量的订单，同时根据具体情况的变化进行生产方式的自动调整优化。

在智能生产系统的助力下，海尔互联工厂能满足用户的个性化需求，提升产品的效益，带来丰厚利润。

10.2 智能制造背后的核心技术

智能制造是多种技术集成的产物，如人工智能、数字孪生、大数据、物联网、云计算等。下面详细讲述这些技术在智能制造方面发挥的作用。

10.2.1 人工智能：智能机器助力生产

简单来说，人工智能其实就是“像人类一样聪明的机器”，将这个机器应用到制造领域，可以帮助企业提升生产和运营效率。与追求生产的智能化、自动化相比，实现“人工智能+制造”有着本质上的区别。

智能化、自动化的核心是机器生产，本质是机器代替工人；而“人工智能+制造”不存在谁代替谁的问题，而是强调人机协同。

就现阶段而言，很多工作必须通过人机协同才可以做好。例如，用机器将产品装配好以后，需要工人来完成检验工作，同时还需要为每个生产线配备负责巡视和维护机器的组长。

在短期内，机器还不会完全取代工人。与机器相比，工人在某些方面有着不可比拟的优势。如今，大部分机器只能完成一些简单、重体力、重复的前端工作，而那些高精度、细致、复杂的后端工作还是需要工人来完成。这就表明，即使机器生产有了很大发展，工人还是不会被替代，他们需要进行精细化生产，完成后端工作。

将机器应用于工厂中，可以提升生产效率。可以说，人工智能时代的自动化是机器柔性生产，本质是人机协同，强调机器能够自主配合工人的工作、自主适应环境的变化，最终推动制造业的转型升级。

10.2.2 数字孪生：超越现实的“智造”技术

数字孪生是一种将现实世界镜像化到虚拟世界的技术，即依据现实中的物体创造一个数字孪生体。现实物体与数字孪生体之间是相互影响、相互促进的。简而言之，数字孪生就是创造一个还原现实世界的虚拟场景，支持人们在其中进行各种尝试。

当前，数字孪生已经从概念走向实践。借助于数字孪生技术，企业可以收集实时产品性能数据，将其应用到虚拟模型中。通过这种模拟，企业能够尽快明确产品的设计流程，测试相关功能，提升产品研发和生产的效率。例如，通用电气公司借助数字孪生技术让每个机械零部件都有一个数字孪生体，并借助数字化模型实现产品在虚拟环境下的调试、优化，从而调整产品方案，将更完善的方案应用于现实生产。这不仅提高了通用电气公司的运行效率，还帮助其节省了调试、优化成本。

能够实现模拟、预测的数字孪生技术起初大多应用于工业自动化控制领域，随着数字孪生技术的发展，其应用逐渐扩展到企业数字化、智慧城市等更多领域。通过在虚拟世界中投射物理世界，并对数据进行智能分析，企业可以实现对业务的自动化、智能化管理。

在应用数字孪生技术的过程中，企业需要注意两点。

第一，数字孪生面对的不是静止的对象，形成的也不是单向的过程，其面对的是具有生命周期的对象，形成的是动态的演进过程。因此，数字孪生应用在工业场景中，生成的不仅有拟真三维模型，还有工业场景在运行过程中基于各种数据的动态演绎。准确来说，数字孪生不是形成一个单一的虚拟场景，而是展现一个数字孪生的时空。

第二，数字孪生不仅重视对海量数据的表现，还重视拟真模拟背后的数据分析。数字孪生呈现的是一个动态的过程，这意味着其需要对海量数据进行分析。在此基础上，数字孪生不仅能够根据当前数据搭建起相应的虚拟场景，还能够根据数据的变化模拟出相应场景的变化。以数字孪生在工业制造中的应用为例，数字孪生不仅能够模拟产品的当前状态，还能够借助各种数据展现产品迭代的不同路径。

总之，数字孪生能够实现动态数字空间的打造，工业制造的诸多场景都可以复刻到这个数字空间中。借助各种数字模型，企业可以进行多方面的推演、预测，进而做出更科学的决策。

10.2.3 大数据：从解决到避免问题

很多专家认为，智能制造从数据采集开始。确实，没有数据，就无法分析用户需求；没有数据，就无法有效感知市场变化；没有数据，就无法科学地做出决策。在智能制造领域，大数据是一项非常重要的技术。

目前，很多企业都意识到大数据的重要性。在生产过程中，大数据确实可以发挥一些比较重要的作用。

首先，大数据可以优化产品质量管理，促使产品生产流程更精准、更先进，产品更优质。例如，制造半导体芯片要经历很多环节，如增层、热处理、掺杂、光刻等，而且每一个环节都必须达到非常严苛的物理性要求。

某半导体制造企业生产的半导体晶圆，在经过测试后，可以生成一个巨大的数据集。这个数据集不仅包含了几百万行的测试记录，还包含了上百个测试项目。根据质量管理的相关要求，一项必不可少的工作是对这上百个测试项目分别进行一次过程能力分析。

按照之前的模式，工人需要分别对上百个过程能力指数进行计算，而且还需要对各项质量特性进行考核。暂且不论工作的复杂性与工作量的庞大，即便真的有工人可以解决计算量的问题，也很难找到上百个过程能力指数之间的关联性，同时也很难保证半导体晶圆的质量和性能。

但如果采用大数据质量管理分析平台，工人就可以迅速得到一个过程能力分析报表，还可以从同样的大数据集中得到一些全新的分析结果。而这些分析结果可以使半导体晶圆的质量有一定提升，从而促进生产工作顺利进行。

其次，大数据可以加速产品创新。用户与企业交易，会产生大量数据。对这些数据进行深度挖掘和分析，可以帮助用户参与企业的一些创新活动。在这一方面，福特做得不错。

福特采用了大数据技术，使福克斯电动车成为真正意义上的“大数据电动车”。具体来说，无论福克斯电动车是处于行驶状态还是静止状态，都会产生大量的数据。通过这些数据，福特的工程师可以对福克斯电动车有更加深刻的了解，从而制订完善、科学、合理的改进计划。

10.2.4 物联网：催生数字化车间

打造数字化车间已经成为很多制造企业的目标。那么，数字化车间究竟是什么呢？从定义上看，数字化车间是由数字化模型、方法和工具构成的综合网络，可以帮助企业通过可视化、智能化管理提升生产效率和产品质量。打造数字化车间，物联网技术必不可少。

在三星的数字化车间中，物联网、VR、AR、大数据、人工智能等技术发挥了重要作用。例如，三星采集了大量与生产相关的数据，通过物联网、大数据、人工智能等技术将其分成三类：产品特性数据、过程参数数据、影像数据。三星使用大数据技术对这些数据进行分析，为生产流程优化、产品改良提供依据。

三星不仅对生产过程及产品进行全自动检测，还通过智能设备判断产品是否合格。以卷绕工序为例，其主要检测项目有材料代码、长度、正 / 负极、隔膜、张力、速度、卷绕、短路、尺寸、速度等，共 159 个。在检测时，三星采用高清摄像机对产品的外观进行查验，以识别出微米级气泡，降低工人的出错率，为消费者提供更优质的产品。

三星还可以实现自动监控和智能防错，避免人为失误与异常状况的发生。在自动监控方面，三星主要从现场环境、生产工艺、产品标准、设备等因素入手。例如，监控现场环境的温度、湿度，其中，温度要控制在 –2 ～ 2℃，湿度则应该始终保持 –32℃。

在智能防错方面，数字化车间的中央系统会对现场环境进行 24 小时监控，通过探头自动采集并分析数据。当现场环境出现异常时，中央系统会发出警报，风机和除湿等设备会在第一时间对现场环境进行调整，直至其恢复正常。

打造数字化车间后，三星的生产线布局周期缩短 40%，返工现象减少 60%，生产效率提高 15% 以上，整体成本降低大约 15%，产品上市周期缩短近 30%。数字化车间具有快速、自动、智能等特点，帮助三星实现各环节的互联互通，为三星打破信息孤岛、走向科技化和数字化奠定了坚实基础。

10.2.5 云计算：变革 IT 要素

制造业的发展离不开云计算的支持，云计算拥有云存储、云渲染等能力，为智能制造的实现奠定基础。简单来说，把互联网的基础设施变成一种有价值的服务进行售卖的付费商业模式就是云计算。这种模式突出的优势就是具有超大规模，可以帮助用户处理复杂的数据任务。云计算具有以下五个优势，如图 10-2 所示。

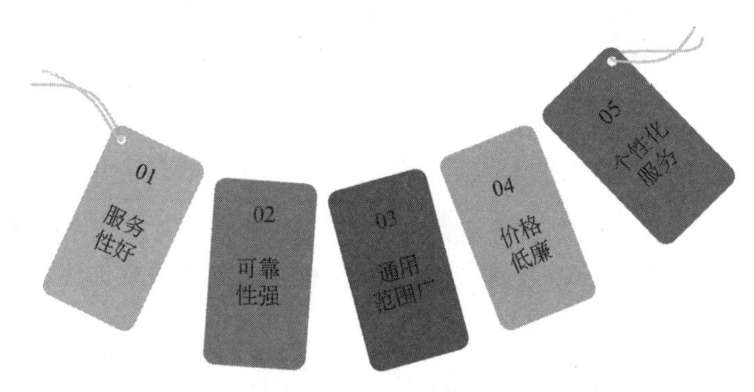

图 10-2 云计算的五个优势

1. 服务性好

云计算是一种数字化服务，即使用户不清楚云计算的内部运行机制也可以使用相应服务。

2. 可靠性强

云计算技术主要是通过冗余方式进行数据处理。这种数据多副本容错、计算节点同构可互换的方式可以有效降低出现错误的概率，因此，应用云计算比本地计算机更能保证数据的可靠性。

3. 通用范围广

在存储和计算能力方面，云计算技术不针对特定应用程序，也就是说，云计算可以在智能检测的同时支撑多个应用运行。

4. 价格低廉

云计算具有特殊的容错措施，平台构建费用远低于超级计算机的构建费用，自动化集中式管理也可以降低管理成本。这样不仅资源利用率能提高，总体性能也可以达到理想的效果。

5. 个性化服务

云计算采取的是按使用量付费的模式，能够根据用户需要为其提供个性化服务。用户按照使用量付费，享受不同的服务，做到按需购买。

云计算具有诸多优势，可以加速网络和算力的升级，让企业能够提升数据处理的效率，进而实现智能化。

10.3 智能制造落地场景盘点

智能制造是对制造业全流程的革新，推动产品、生产、物流、服务等方面的智能化转型，为企业实现可持续发展提供助力。

10.3.1 产品智能化：精准定位用户需求

人工智能的不断进步，离不开大数据技术的持续优化。大数据技术能够创新产品研发模式，实现个性化产品设计，满足用户多样化的需求。利用大数据技术进行产品研发，在两个方面具有优越性。

一方面，大数据技术能够收集海量资源，打破时空限制，提高产品设计的效率和创意的独特性。之前，在进行产品设计时，如果要搜集100万条用户对产品性能的需求信息，会浪费很多的时间、人力、物力等成本。

但是在人工智能时代，使用大数据技术收集100万条用户的数据轻而易举。数据收集效率的提升，能够让设计人员跨越时空的限制，拥抱各类多元的信息，提高产品设计的创意度。而产品创意度的提升，会带来巨大的利润。

另一方面，利用大数据技术进行产品设计能够做到“千人千面”。大数据技术赋能产品设计后，云计算平台会智能采集、分析用户对产品的功能、价位、外观的需求。这样产品设计就会有多元的风格，能够满足更多用户的需求，吸引众多用户竞相购买。

以传统的衣柜制造行业为例，箭牌衣柜的研发设计人员充分利用大数据技术广泛收集用户意见，并且根据用户的反馈数据对衣柜的设计进行调整。这样，无论是衣柜的功能、外观还是风格，都能够满足用户的需求，衣柜产品受到用户的追捧和喜爱。

此外，利用大数据技术，箭牌衣柜还为用户提供私人定制服务。在移动互联网时代，人们的消费观念不断升级演变，开始注重产品的个性化与实用化。对于衣柜，人们不再仅仅追求能够放置衣物，而是有着更高的需求。很多人不希望自己的衣柜和别人的衣柜一模一样，而是希望其具有与众不同之处。

箭牌衣柜设计人员利用大数据技术高效收集用户的个性需求和生活习惯，最终确定衣柜的整体设计方案。无论是衣柜的板材类型、高度，还是衣柜的款式与内部格局，箭牌衣柜都能够根据用户的需求做到差异化处理，满足用户私人定制的高级需求。

10.3.2　生产智能化：全方位变革生产流程

智能制造已是大势所趋，无论是轻工制造还是重工制造，都要建立先进的生产体系，提高生产的智能化水平。

相较于传统工业生产，智能化生产有四个显著的优势，如图 10-3 所示。

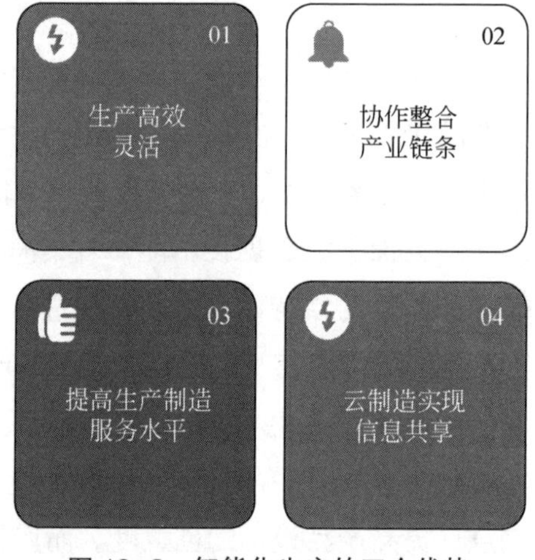

图 10-3　智能化生产的四个优势

优势一：生产高效灵活

智能制造能够推动生产方式的智能化变革，进一步优化工艺流程，降低生产成本，促使生产更加高效、灵活。高效、灵活的生产模式又能够促进工人劳动效率的提升和工厂生产效益的提高。

优势二：协作整合产业链条

人工智能技术应用于制造行业，能够使工业生产在研发设计与生产制造环节实现无缝衔接，从而达到整合产业链条的目标。产业链条的协作整合，又能够进一步提高产业运作效能，为工厂带来更多盈利。

优势三：提高生产制造服务水平

智能制造使工业生产的性质发生改变，企业由生产型组织向服务型组织转变。大数据技术以及云计算平台能够促进智能云服务这一新的商业模式的发展，企业的服务能力与创新能力会得到提升。

优势四：云制造实现信息共享

工业生产信息化水平的提升，能够进一步整合优势资源，实现信息共享；信息共享机制的建立，则能够推动生产的协同创新，提高企业优化配置资源的能力和产品的质量。

在人工智能时代，想要建立先进生产体系，实现智能化生产，企业应做到以下三点。第一，力争观念创新、技术创想，颠覆传统模式，勇于试错、探索；第二，始终以用户为中心，满足用户差异化、个性化的需求；第三，打通产业价值链，促进产业智能升级，最终形成高效运转的智能生产圈和智能消费圈。

只有这样，企业的创新能力才能有所提升，才能获得更多盈利，实现从制造到“智造”的转型。

10.3.3 物流智能化：仓储机器人引领智慧物流发展

当前，全球工业向着自动化方向全面转型升级，而产品制造复杂化趋势逐渐显现，工厂的生产效率亟须提升。这就需要企业通过设备升级、智慧管理等手段打造智能工厂，实现自动化、柔性化、智能化的生产与制造。

智能物流能够有效提高产品生产与流通的效率，实现产品库存的精细化管理，大幅降低人工成本，是打造智能工厂的关键。

随着5G、无人驾驶、激光传感、语音识别、机器视觉等一系列智能技术的发展，以AMR（Autonomous Mobile Robot，自动移动机器人）与AGV（Automated Guided Vehicle，自动导引运输车）为代表的自动化、智能化机器人移动装置迅速发展。各种各样的仓储机器人落地应用，引领智慧物流进一步发展。

早期的AGV主要是依靠布置于地上的引导线来移动。随着导航技术越来越成熟，AGV能够通过定位激光雷达与高位反光板来解决定位问题，不再需要实体引导线。而基于机器人技术的AMR，对环境中的光线能够主动产生反应，自动避让障碍物。目前的AMR能够做到自主识别周边环境，并通过传感器进行定位，依据实时情况确定行动路线，绕开路程中的障碍物，完成指定任务。

AMR对各种环境都有着极强的适应性，在使用AMR时，工作人员几乎无须改动仓库已有的各种基础设施。通过对 AMR 进行编程，其能够处理更多任务，如分类、包装、运输等。以 AMR 为代表的智能移动机器人，已经成为智慧仓储的重要组成部分。

AGV、AMR 以及智能配送系统，能够实现自动盘点、检索，快速处理仓储订单，有效提高仓储效率。通过引入机器学习算法，智慧仓储还能够优化货物运送路线，并通过自然语言处理技术，加快货物入库登记速度，优化订单确认、拣货、入库等环节，减少库存浪费。

未来，随着物联网、传感器、云计算、人工智能、5G 等技术的进一步发展，各项智能技术与智能仓储机器人的融合也将进一步加深，推动机器人产品在仓储领域的广泛应用，实现物流效率与运营效率的提升。

10.3.4 服务数智化：打通制造与服务边界

随着大数据、云计算、人工智能等技术逐步成熟与广泛应用，制造业的服务数智化进程进一步加快。

相关专家提到，服务型制造是工业化进程中制造与服务融合发展的一种新型产业形态，是制造业转型升级的重要方向。推动生产型制造向服务型制造转变，是我国制造业提质增效、转型升级的内在要求，也是推进工业供给侧结构性改革的重要途径。通过发展服务型制造，引导企业开展服务化转型，将有利于改善工业产品供给状况，破解当前制造业面临的发展矛盾约束，提高企业竞争力和市场占有率。

在人工智能时代，制造业要实现服务数智化转型，还有很长的路要走。但在发展的过程中，如果各参与方能够做到以下三点，就能少走许多弯路。

首先，生产制造企业要制定科学有效的发展战略，重视信息和数据的挖掘，优化内部的治理结构，提高生产资源配置效率。在此基础上，生产制造企业还要不断提升智能化水平和服务品质。同时，生产制造企业要坚守“工匠精神”，致力于打造匠心产品，提高自身服务能力。

其次，良好的社会环境与完善的服务体系能够提升生产制造企业的服务能力。相关部门可以打造专业化公共服务平台，为企业的生产提供完备的基础材料与基础工艺研发设备。同时，相关部门要为生产制造企业提供独特的网络基础设施服务。这样，才能够提高生产制造企业的研发能力，为广大用户提供更多的服务。

最后，服务数智化的发展，离不开社会各界的协同配合。高校与职业教育机构要培养既懂制造业又懂服务业的复合型人才。人才队伍的优化，能够为生产制造企业的服务数智化转型提供强大的人才支持。同时，相关服务机构要加强合作，发展面向制造业的互联网服务业务，帮助生产制造企业提升服务水平和能力。

10.3.5 全面数字化的西门子安贝格工厂

作为工业制造领域的龙头企业，西门子在建设智能工厂方面同样处于领先地位。在西门子的安贝格工厂（Electronic Works Amberg，简称 EWA）中，只有 1/4 的工作需要人工完成，剩下 3/4 的工作都由机器和电脑自主处理。

自建成以来，安贝格工厂的生产面积没有扩大，生产人员的数量也没有太大变化，产能却提高 8 倍。安贝格工厂平均每秒钟生产 1 个产品，产品的合格率高达 99.9985%。无论是生产速度还是生产质量，安贝格工厂都处于世界领先水平。

安贝格工厂出色的生产表现主要得益于其具有三个重要特点，如图 10–4 所示。

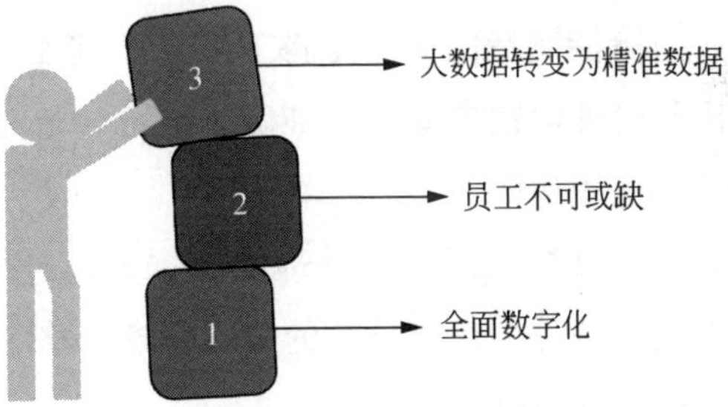

图 10–4　安贝格工厂的特点

1. 全面数字化

安贝格工厂的核心特点是全面数字化，其生产过程是“机器控制机器的生产”，这正是工业 4.0 希望达到的目标。

安贝格工厂生产的产品是可编程逻辑控制器（PLC）及相关产品，这些产品具有类似中央处理器的控制功能。利用全方位数字化，产品和生产设备实现了互联互通，保证了生产过程的自动化。

在安贝格工厂的生产线上，产品通过代码自行控制、调节自身的制造过程。通过通信设备，产品能够向生产设备传达自身的生产标准、下一步要进行的程序等。通过产品和生产设备的通信，所有的生产流程都能够实现计算机控制并不断进行算法优化。

除了生产线的自动化，安贝格工厂的原料配送也实现了自动化和信息化。当生产线需要某种原料时，系统会告知工作人员，工作人员扫描物料样品的二维码后，信息就会传输到自动化仓库，物料会被传送带自动传输到生产线上。

从物料配送到产品生产的整个流程，工人需要做的工作只占整体工作量的1/4。在全面数字化的影响下，安贝格工厂的生产路径不断优化，生产效率大幅提高。

2. 员工不可或缺

尽管生产流程已经实现高度的数字化和自动化，但安贝格工厂依旧重视员工的价值。除了日常巡查车间、把控自身负责的生产环节的进度，员工最重要的工作是针对配送、生产等环节提出改进意见。在促进安贝格工厂生产力提升的各因素中，员工提出改进意见的因素占比40%，显然不可小觑。

为了鼓励员工不断提出改进意见，安贝格工厂会为提出改善意见的员工发放相应的奖金。安贝格工厂曾共计发放220万欧元的奖金给提出意见并被采纳的员工。

3. 大数据转变为精准数据

智能制造的关键是将工厂生产过程中产生的数据收集起来，经过挖掘、分析和管理使数据变得更准确、更符合智能生产的标准，从而使员工能更便捷地使用这些数据。

安贝格工厂每天处理的数据量超过5000万条，利用人工智能的智能分析手段和分类推送给员工的方式，安贝格工厂将大数据转变为精准数据，使数据变得更有价值。

10.3.6　京东物流：引进新型运输解决方案

虽然京东是一家以电商为核心业务的企业，但其拥有一套自己的物流体系，而且无论是配送速度还是配送质量，这套物流体系都是有口皆碑的。当然，亮眼成绩的背后，少不了人工智能的助力和支持。

对于京东物流，消费者通常会给出比较高的评价。尽管如此，京东也始终没有停下布局智慧物流的脚步。

在智慧物流方面，京东希望使用无人机为消费者配送快递。但因为技术尚不成熟、监管过于严格等问题，这一希望在短时间内还很难实现。于是，京东开始研发无人车，并实现了使用无人车在校园内配送快递的目标，迈出了布局智慧物流的重要一步。

除了智慧物流，京东还积极布局智慧仓储，自主研发了定制化、系统化的整体物流解决方案——无人仓。无人仓可以大幅度缩短产品打包的时间，从而提升物流的整体效率。在京东的无人仓中，发挥强大作用的智能产品有三种。

（1）搬运机器人。搬运机器人体积比较大，重量大概为100千克，负载量则在300千克左右，行进速度约为2米/秒，主要职责是搬运大型货架。有了这种机器人，搬运工作就比之前简单了很多，所需时间也比之前短了很多。

（2）小型穿梭车。在智慧仓储方面，除了搬运机器人，小型穿梭车也发挥了重要作用。小型穿梭车的主要工作是搬起周转箱，然后将其送到货架尽头的暂存区。而货架外侧的提升机则会在第一时间把暂存区的周转箱转移到下方的输送线上。借助小型穿梭车，京东货架的吞吐量达到了1600箱/小时。

（3）拣选机器人。小型穿梭车完成自己的工作以后，后续工作就由拣选机器人负责。京东的拣选机器人Delta配有前沿的3D视觉系统，可以对周转箱中消费者需要的产品进行精准识别。相关数据显示，与人工拣选相比，拣选机器人的拣选速度要快4～5倍。

智慧物流和智慧仓储进一步完善了京东的物流体系，提升了京东的整体物流效率。在行业内，京东率先实现了几乎所有自营产品当日或次日送达的目标。这是其最大的优势，也是其智能物流实践向用户交出的一份满意的答卷。

智能教育：引爆教育新生态

随着人工智能等技术的发展，知识获取方式和传授方式发生了巨大的变化，教育领域迎来发展新生态。相关部门出台的数字经济发展规划提出“深入推进智慧教育”，强调推进教育新型基础设施建设、智慧教育示范区建设，推动“互联网＋教育”持续健康发展。可见，教育数字化转型、发展智能教育是未来教育领域的一个巨大风口。

11.1 智能教育的发展模式

智能教育主要有三大发展模式：一是利用教育大数据，对学生的学习情况进行实时跟踪与反馈；二是研发教育机器人，辅助教师的日常教学以及学生的日常学习；三是借助知识图谱技术，制订科学的学习计划，实现精准教育。

11.1.1 智能测评：实时跟踪与反馈

人工智能、学习分析与大数据的融合让学习评价走向数据化的智能测评。智能测评以个性化学习为目标，以形成性评价为中心，运用机器学习和自然语言处理等技术，对学生的知识、思维和理解程度进行实时跟踪与反馈，从而促进学生达成目标。

那么智能测评都有哪些具体应用呢？

1. 基于学习能力的智能练习匹配

传统的学习模式大多基于“题海战术”，虽然对提高学生成绩有一定帮助，但时间成本较高，学生需要做完所有题目才能找到真正的薄弱点。而智能测评能根据学生的学习能力和学习思维，向学生提供匹配其水平的练习题，能让其快速弥补不足，实现从迷思概念（是指学生在某一特定学科中，对某事件或现象所持有的一些有别于目前科学界所公认的想法）到正确概念的转变。例如，理科练习题不同的选项对应着学生头脑中不同的推理逻辑，可以反映出学生对哪一部分知识掌握不足。智能测评可以据此为学生匹配同类知识点题目，帮助学生有针对性地攻克薄弱点。

2. 基于知识掌握程度的个性化学习路径规划

每个学生都是不同的，无论是学习风格还是能力都存在差异，千篇一律的学习计划无法让每个学生都达成学习目标，因此要根据学生的知识掌握程度和进度为学生规划个性化学习路径。智能测评可以对学科知识点进行属性标记，包括难度、掌握程度等，根据每个学生的学习情况动态优化后面的学习路径，使学生的学习更高效。

3. 基于活动参与的个性优势识别

学习结果是对学习过程的反映，通过对学习过程进行分析和评价，可以更精准地了解学生的知识水平和能力优势。学习行为分为外在行为和内在行为，外在行为包括测评考试、互动交流等，内在行为包括养成好的学习习惯、善于思考等。传统教育模式在学生数据收集方面比较欠缺，无法得出有效结论。而智能测评可以通过大量的数据对学生进行个性化分析，洞察学生的个性化优势，培养创新型和个性化的人才。

4. 基于测评结果的知识地图描绘

学习测评不仅是对学生作答的对错进行简单评判，还要从知识内容出发，找到学生的薄弱知识点，并根据知识点之间的关系描绘出个人知识地图。智能测评可以对学生的学习数据进行结构化处理，利用语义推理、关系抽取等技术构建个人知识地图。学生可以利用知识地图中知识点逻辑关系、掌握度、强弱点等信息转变自己的概念系统，使其更贴近科学概念系统。

智能测评可以使教育变得更精细化，真正实现因材施教，让学生实现个性化发展。

11.1.2 教育机器人：师生“好搭档”

在数字化时代，许多业内人士都认为未来的教育将向移动化和智能化的方向发展，许多教育机构都引入了高质量的智能产品。随着人工智能的发展，教育会出现更多的新形式、新内容。例如，教育机器人成为助教，帮助教师提高教学效率，帮助学生提升学习效果。

教育机器人在技术上涉及语音交互、机器人的动作和肢体语言交互等，但是一般的语音交互技术不能适用于所有年龄段的学生，特别是低龄儿童。因此，相关企业需要进一步针对不同年龄段的学生的语音以及肢体动作进行深入研究，开发出更加智能的教育机器人，让它们理解不同年龄段的学生的各种语言，从而更加有效地交流互动。

那么应该如何另辟蹊径，为教育机器人的发展注入新的活力呢？其实，核心是提高数据收集能力。只有教育机器人有足够多的数据信息作为支撑，它才能满足不同年龄段的学生的基本需求。

同时，还要进一步提高教育机器人云计算的能力。以学龄前教育为例，当学生打哈欠时，教育机器人需要感知到学生困了，立即播放一些舒缓的歌谣，这样就能让他们迅速进入睡眠状态，而且乐感也能得到培养。

再如，当儿童初次接触小狗时，他可能不知道那是什么物种，只觉得这是一个很有趣的东西，于是就将注意力放在小狗身上。而教育机器人在发现儿童注视着小狗时，能适时、主动地发出小狗的叫声，及时给予儿童正反馈，帮助儿童认识、学习新事物。

综上所述，教育机器人有广阔的发展前景。但是目前此类产品良莠不齐，而且存在严重同质化的弊端。针对这样的现象，相关企业应该与科研界强强联合，打造出质量更高的教育机器人，从而获得更好的发展。

11.1.3 知识图谱：实现精准教育

知识图谱是人工智能的一项分支技术，“百度一下”就是知识图谱技术的典型应用。借助知识图谱技术，特别是数据采集、信息优化、知识计量以及图形绘制等技术，复杂的、隐性的知识可以变得清晰化、简约化。另外，知识图谱技术能够揭示知识的动态变化规律，为学生的学习提供有价值的参考信息。

在未来的智慧校园中，学生能够利用知识图谱技术制订科学的学习计划，提高学习的效率。知识图谱技术能够从三个层面提升知识搜索效果，如图 11-1 所示。

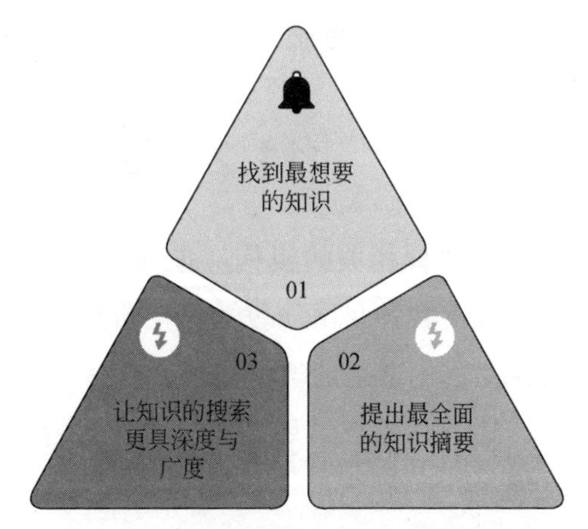

图 11-1　知识图谱提升知识搜索效果的三个层面

1. 找到最想要的知识

知识图谱技术能够帮助学生找到最想要的知识。搜索引擎的根基是知识图谱技术。智能化的搜索引擎能够精准锁定关键知识点，以最快的速度帮助学生找到想要获取的知识。

2. 提出最全面的知识摘要

知识图谱技术能够提供最全面的知识摘要，帮助学生了解知识的层次和脉络。例如，百度会为我们提供一个知识清单，让我们知道知识的层次与内在逻辑。例如，学生在百度搜索中输入“李白”的名字，不仅能够看到李白的年谱列表，还能够了解到与他相关的各种人物的信息。这样，学生就能够对李白有一个全面而深刻的认知，从而更好地掌握相关知识。

3. 让知识的搜索更具深度与广度

知识图谱技术能够让知识的搜索更具深度和广度。例如，当学生在百度上搜索“诗歌的分类”时，搜索结果会显示诗歌的综合信息。知识图谱技术能够拓展知识搜索的深度与广度，构建一个相对完整的知识体系，让学生的知识脉络更加清晰，将知识掌握得更牢固。

知识图谱技术在智慧校园的构建中起着十分关键的作用。随着通信技术的发展，5G 应用范围进一步扩大，未来的社会将是万物互联的社会，万物互联也会体现在教育领域。这表明，将来教学与管理中产生的数据会大量增加，到那时，智能分析就不再只是分析个体，还分析不同个体之间的关系，而知识图谱技术会体现出极大的价值。

知识图谱技术不仅可以为学生构建完整的知识脉络，实现学生学习的个性化，还可以帮助老师了解学生的学生情况和对知识的掌握程度，实现精准教学。

11.2 如何适应智能教育潮流

与教育相关的机构应如何抓住智能教育的发展机遇？首先，打通线上教育与线下教育，增强教学的互动性，提升教学体验；其次，融合虚拟课堂与现实课堂，创造新的教学场景，丰富教学活动；再次，将智能设备引入校园和课堂，让老师的教学更高效、课堂更智能；最后，引入 AIGC，促进教育智能化发展。

11.2.1 打通线上教育与线下教育

4G 网络在网络时延及稳定性、设备接入密度、网络带宽等方面都存在局限性，而 5G 网络的高传输速率、低时延、大带宽等优势正好弥补了 4G 网络的不足。人工智能应用虽然可以在 4G 网络下运行，但 5G 网络无疑会使人工智能应用更加流畅地运行，优化师生的使用体验。5G 时代的到来会重构目前的教学模式，主要表现在以下几个方面，如图 11–2 所示。

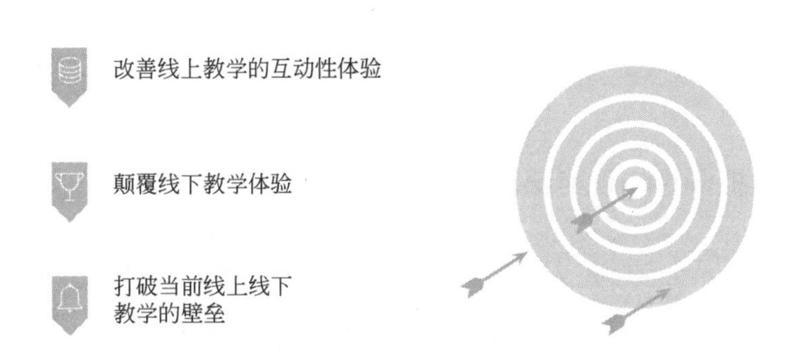

图 11–2　5G 重构教学模式的几个方面

1. 改善线上教学的互动性体验

在 5G 技术的支持下，直播教学的互动性将会大幅提升，视频可以通过 5G 网络实现高清、低时延传输。低时延的最大优势就是可以实现课堂实时互动。

在当前的教学模式中，线下教学体验感更好的原因之一就是师生之间可以看到彼此的眼神和反应，而线上教学因为延迟问题很难实现师生的实时互动。同时，目前的线上教学多为知识单向传输，学生只是被动地接受知识。而在未来，在 5G 网络的帮助下，师生双方可以在线上教学中实现双向互动。

2. 颠覆线下教学体验

5G 网络除了改善线上教学的互动性体验，还将颠覆线下教学体验。当前，线下教学已经出现了互动答题等线上线下结合的教学模式，但是在当前的技术条件下，这种教学模式需要教学场所提供额外的网络接入来保证课堂互动的质量。即便这样，课堂互动也不是很流畅，教学体验比较差。

而在 5G 网络普及之后，其大带宽优势可以实现万物互联，各种终端设备和互动教学平台有助于打造教学体验闭环，推动线下教学优化升级。

3. 打破当前线上线下教学的壁垒

在 5G 技术的支持下，未来教育形态会发生变革，线下教育依托教育物联网，可以连接线上与线下，模糊教学的边界。在线教育的痛点之一就是完课率不高，因为学生可能难以长时间坐在屏幕前。而在未来，可穿戴的智能教育设备可以让学生的学习打破时间和地域的限制，更加快乐、轻松。

5G 能够打破线上教学与线下教学的壁垒，使线上教学与线下教学融合在一起，从而使教学模式更加智能，拓展了智能教学的应用场景。而以上教学场景的实现，离不开基于 5G 的人工智能技术的应用。

11.2.2 虚拟课堂与现实课堂齐发力

2022 年初，北京师范大学“VR/AR+ 教育”实验室与清华大学附属小学达成战略合作，携手举办了一系列极具科技感的语言学习活动。双方通过 AR 应用程序打造了一个虚拟学习环境，学生可以在英语课上观察太阳、地球等物体，并进行英语对话学习。在参加活动的过程中，学生可以获得沉浸式体验，还能在寓教于乐中掌握更多英语知识。

人工智能与 VR、AR 等 XR（Extended Reality，扩展现实）技术的结合，将创造出全新的教学场景，使师生获得全新的教学体验，极大地激发学生的学习积极性，提升学生的学习效率。人工智能与 VR、AR 等 XR 技术的结合能够使虚拟课堂与现实课堂齐发力，为师生提供互动性的沉浸式体验，这主要体现在以下两个方面。

1. 虚拟现实 + 课堂教学

在教学场景中，虚拟现实技术可以通过沉浸式的交互方式，将抽象的知识变得形象化，为学生提供身临其境的沉浸式学习体验，激发学生学习知识的主动性。

虚拟现实技术的作用有三维物体的展示、虚拟空间的营造、虚拟场景的营造等。但根据学科的不同，虚拟现实技术发挥的作用也不同。

2. 虚拟现实 + 科学实验

在学校现有的条件下，许多实验是不可能做的，如核反应实验，还有一些实验是极其危险而不允许学生做的，如涉及放射性物质的实验。而利用虚拟现实技术，这些在现实中难以开展的实验都可以在虚拟世界中完成。

在教学活动中，许多实验器材由于价格昂贵而难以被普及。利用虚拟现实技术，学校可建立虚拟实验室，学生可以在虚拟实验室中操作虚拟实验器材进行实验，直观地感受实验结果。

虚拟世界中的实验既不消耗器材，也不受外界条件的限制，学生可以重复进行操作。同时，在虚拟世界中进行实验还具有绝对的安全性，即便实验失败，也不会威胁到学生的人身安全。

除了能够在虚拟世界中进行一些现实中难以完成的实验，结合了虚拟现实技术的 AI 系统还可以精准分析实验数据，帮助学生记录实验过程和实验结果。

在课堂中引入虚拟现实技术，可以很好地提高学生的学习兴趣和学习效率。其在课堂教学中的优势主要体现在以下几个方面，如图 11–3 所示。

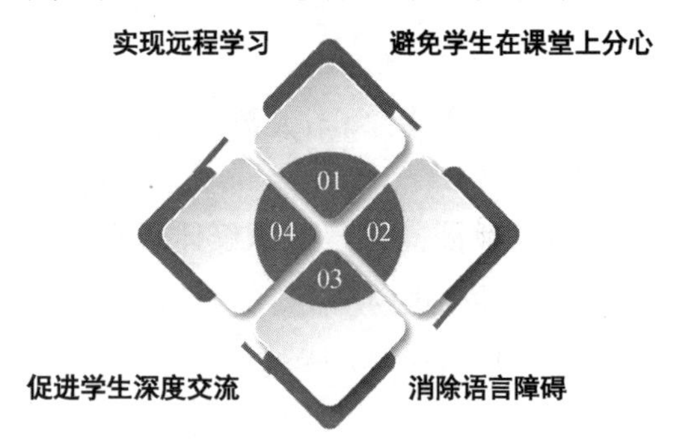

图 11–3　虚拟现实技术在课堂教学中的优势

1. 避免学生在课堂上分心

在传统的课堂教学中，学生在课堂上分心是十分常见的事情，窗外的噪音、空中飞过的飞机等都可能使学生在课堂上分心，一些学生还会在课堂上交头接耳、传小纸条等。若将虚拟现实技术应用于课堂教学中，这些问题便可以被解决。虚拟现实技术为学生提供逼真的学习场景，更能吸引学生的注意力，同时有效避免周边环境对学生的干扰。

2. 消除语言障碍

在当今多元化的社会中，语言障碍给学生的学习带来诸多不便。如果学生想与外教老师沟通，就要掌握他们的语言。而借助 VR 设备的语言翻译功能，学生可以流畅地与外教老师沟通。全息投影技术与 VR 技术的结合能够轻松地将各国的名师"请"到课堂上，为学生指点迷津。

3. 促进学生深度交流

通过与其他同学交流，学生可以加深对知识的认知，从而将知识掌握得更加牢固。VR 课堂可以将采用不同学习方法的学生联系在一起，学生可以分享他们对知识的不同看法，在这个过程中实现深度交流和深度学习。

4. 实现远程学习

有了 VR 设备，学生能够随时随地学习，家里也能变为课堂。学生只要佩戴 VR 设备，就可以与同学及老师在虚拟空间里交流，进行远程学习。并且，利用 VR 设备，学生在家里也能获得像在学校教室上课一样逼真的学习体验。

未来几年，虚拟现实技术在智能教育领域的应用会更加广泛。人工智能与虚拟现实技术的结合创新了教学场景，使得一些在现实中难以实现的场景教学、练习、互动等能够在虚拟世界中实现。此外，虚拟课堂与现实课堂的结合使得学生的学习与老师的授课打破了时间和空间的限制，在虚拟场景中，学生和老师能够获得更好的教学体验。

11.2.3 在校园内引入智能设备

智慧校园的智慧性不仅体现在教学过程中，还体现在校园管理中。管理学生是一件很难的事情，老师除了要为学生讲解安全防范知识，还要随时关注他们在学校的动向。学校里的学生很多，但是老师很少，老师很难顾及所有学生。而现在，电子班牌与智慧监控等智能设备解决了这方面的难题，优化了校园管理。

电子班牌是校园文化建设的系统工程之一，也是学校工作、文化展示、课堂管理等方面实现智能化的载体。

电子班牌通常安装在教室门口，可以展示班级信息、班级活动信息、学校通知信息、当日课程信息等，将班级工作与校园管理完美结合。

每天到教室后，学生可以在电子班牌上签到，老师则可以通过手机实时查看学生进班的情况。如果某个班级想要组织活动，则可以提前在电子班牌上查询空闲教室的使用情况，并预订空闲教室，实现学校资源的合理、高效利用。此外，电子班牌与手机联动还可以解决一些校园中的突发问题，例如，教室的灯不亮了，老师在手机上操作就可以一键申报维修。

电子班牌是教育信息化的具体体现之一，有利于提高校园管理的质量。一方面，电子班牌能够及时发布信息，包括课表、活动等；另一方面，电子班牌可以代替老师点名的考勤方式，使考勤管理更加智能。总之，电子班牌能够提高校园管理的及时性、有效性，提高教学管理的质量。

处于青春期的学生在遇到问题时容易冲动，若因此引发了校园暴力事件，后果将十分严重。而相关调查结果显示，校园暴力事件经常发生在中午吃饭、下午放学后等时间段。此外，一些学生缺乏安全意识，容易使自身陷于危险境地；一些不法分子可能会进入校园等。这些情况都会给学生的安全带来极大隐患。

而以人工智能技术为核心的智慧监控系统可以有效地规避这些隐患。智慧监控系统覆盖学校大门、学生寝室、食堂、教学楼等场所，可以实现 24 小时监控，对发现的异常情况可以提前预警。其监控记录能保留 1 个月以上，便于出现意外情况时分析取证。应急广播与信息公布系统遍布校内所有建筑，可在出现紧急情况时实现点对点喊话，确保消息传递到位。同时，该系统还可以对采集的数据进行分析，为校园安全工作的开展提供依据。

智慧监控系统的功能主要有以下几个，如图 11–4 所示。

1. 监控报警功能

监控报警功能是指布置在学校门口、周边围墙、教室、学生宿舍等区域的监控设备能够在出现紧急情况时及时发出警报，实现自动报警。它是智慧监控最基本的功能。

图 11–4　智慧监控系统的功能

2. 异常监测功能

智慧监控系统具有异常监测功能。后台软件会对监控摄像头获取的信息进行分析，从而对非人员集中区域的人员密度突然增加或出入异常等情况及时发出警报，以便监控人员排查异常，防患于未然，防止校园暴力等事件的发生。例如，有人翻墙进入校园或有人在夜晚私自进入老师办公室时，智慧监控系统能够及时发现这些情况并发出警报，通知监控人员对该区域进行巡查，明确是否出现安全事故。

3. 电子监考功能

智慧监控系统具有电子监考功能。借助监控系统的视频分析，监控人员可以查看学生在考场上的行为，避免作弊情况的发生。如果学生作弊，系统会抓拍、保留证据，而考场上若出现意外着火等状况，系统也能够及时报警。

4. 报警联动功能

报警联动功能是指在监控区域装上烟雾探测器等设备，并将其和有报警输入、输出接口的前端设备连接，这样一旦发生火灾等事故，报警设备就会被触发并将信息传送至监控中心。智慧监控系统的报警联动功能能够提高学校对紧急情况的反应速度和学校的应急处理能力，这样能够在一定程度上降低事件造成的损失。

电子班牌和智慧监控系统是建设智慧校园的基础手段。虽然目前电子班牌和智慧监控系统都还处于试验阶段，但人工智能技术的不断发展成熟将推动智慧校园建设和各种智能应用在校园中落地，最终形成一个实用、稳定、能够全面保障校园安全的智能管理系统。

11.2.4 引入 AIGC：促进教育发展

在教育领域，以 ChatGPT 为代表的 AIGC 应用有着广阔的落地场景，能够促进教育行业进一步发展。其所具备的优势，主要有以下几个，如图 11-5 所示。

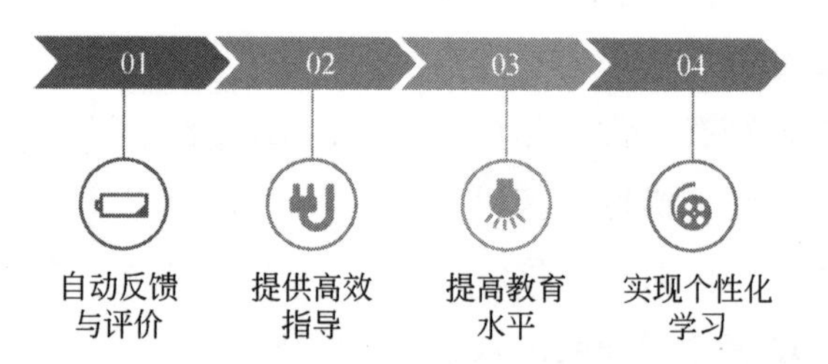

图 11-5 AIGC 应用在教育行业中的优势

1. 自动反馈与评价

通过模型训练，AIGC 应用能够对学生上交的作业或试卷等自动提供即时反馈，以及自动进行评分或评价。此功能不仅能够极大地减少教师的工作量与工作时间，使其能够将精力用在其他更加精细化的教育工作上，还能使学生在更短的时间内获取反馈，从而使他们更快地发现自身存在的问题并及时解决，有助于提高学生的学习积极性。

2. 提供高效指导

当学生在自主学习过程中遇到问题时，通过与 AIGC 应用交互，学生能获得指导、解决问题。此外，AIGC应用还能够根据学生的学习风格和兴趣，为学生提供定制化的学习建议、作业反馈等，使学生的学习更高效。

3. 提高教育水平

利用AIGC应用，教师能够快速生成试题、试卷、教学课件等，节省大量重复性劳动耗费的人力与物力。

并且，AIGC应用生成的教学材料或教科书等，还能够帮助那些出于各种原因无法接受传统教育或缺乏教育资源的人，使他们能够更加方便地获取教育资源，进行自主学习。

4. 实现个性化学习

不同学生的学习进度、学习方式与学习能力各不相同，传统的教育方式往往是集体教育，学生在同一教学进度下进行学习。AIGC应用能够创建定制化、个性化的学习内容，满足不同学习进度的学生的需求，帮助学生找到自身的学习节奏，实现个性化学习。

11.3 人工智能在教育领域的应用案例

人工智能在教育领域的应用案例有很多，下面具体介绍阅面科技、松鼠AI这两个案例。

11.3.1 阅面科技：一体化智慧校园解决方案

在“人工智能+教育”领域，阅面科技将以人脸识别为代表的人工智能技术与校园管理进行深度融合，从交互、数据、服务等方面出发，打造一体化智慧校园解决方案。

在硬件方面，这一方案包括人证核验终端、人脸识别摄像机、人脸识别多用终端、人脸识别速通门等设备；在软件方面，这一方案的大数据管理系统包括智能宿舍管理系统、智能人脸门禁管理系统、智能考勤管理系统等模块。该方案旨在让先进的人工智能技术应用全面渗透校园场景，从而解决学校管理中的各类痛点。

阅面科技的这一方案已在银湖中学落地。银湖中学此前的进出校管理依靠在门卫处登记，访客、学生进出检查，证件登记等工作，都由门卫完成，这就造成了门卫工作繁重、数据严重滞后等问题，给学校管理工作开展带来不便。而且，一旦学校门卫稍有疏忽就可能引发校园安全问题。而在引入阅面科技的人证核验终端、人脸识别摄像机、人脸识别速通门等人工智能产品后，这些问题得到有效解决。

（1）人证核验终端。家长探访学生或校外人员到访，需刷身份证验证身份，并注册访客信息，再“刷脸”通行。此举既改善了以往纸质登记方式费时费力的弊端，又便捷、安全。

（2）人脸识别速通门。当学生进出学校时，需“刷脸”才能通过闸机。系统能够记录学生的动向，并将信息发送到后台，帮助学校对学生出行进行管理。

（3）人脸识别摄像机。依托于人脸识别摄像机，学校可建立实时动态预警系统，以防外来不法人员潜入校园。

以上这些设备极大地提高了银湖中学的事前预警能力及事后追溯能力，将实时数据与校园安全紧密结合，提高了学校管理水平，推动校园向数字化、智能化方向转型。

人脸识别受到越来越多学校的青睐，这是由于其在安全防范及智能化管理上具有巨大价值。例如，人脸识别技术的识别精准度可达到99%，远高于其他识别技术，可以有效规避刷卡式门禁、指纹识别的安全隐患。此外，人脸识别技术可以收集以往的识别数据，方便学校对学生行为进行分析，推动学校管理朝着智慧化的方向转变。

阅面科技凭借优质的解决方案及突出的产品优势，吸引了教育部门和众多学校的关注。例如，为了解决闵行区教育学院会务烦琐的问题，阅面科技为其制定了“人脸识别多用终端 + 智能考勤管理系统”解决方案，帮助该机构实现“刷脸”开会。此外，阅面科技还与金山中学合作，为其打造了智能教职工考勤管理、智能宿舍出入口管理等系统；与广西兴业县第四初级中学合作，为其打造了校门口进出智能管理系统。

阅面科技“人工智能 + 智慧校园”方案之所以得到广泛认可，是因为阅面科技拥有成熟的技术、良好的产品体验，能够为每个校园场景设计完善的解决方案。

11.3.2 松鼠 AI：实现个性化、智能化教学

近年来，智能化成为教育领域发展的主流趋势，AI 技术促进教育行业实现颠覆性发展。松鼠 AI 是一家教育科技企业，其开发的产品与服务采用“测试—学习—练习—测试—答疑”的运行模式，覆盖学生学习与教师教学的全流程。

松鼠 AI 自主研发了智适应学习系统。该系统能够通过大数据分析与采集、个性化推荐等技术，将 AI 算法与教育、学习的全流程融合，还能够对学生的学习行为与数据进行实时记录，并为其推送与学习进度相匹配的练习题或知识讲解视频。

基于能够细分学习方法、学习能力、学习思想的 MCM 体系，松鼠 AI 的智适应系统能够分析每一名学生个性化的学习方法与思维模式，并为其提供符合其特点的发展建议，促进学生全面发展。

针对部分希望在家学习但缺少监督、学习动力不足的学生，松鼠 AI 推出“AI 打地基产品”。该产品能够智能定位学生知识链条中的薄弱之处，帮助学生追根溯源，弥补学习漏洞，提升学习成绩。

由于我国人口基数大、受教育人口数量众多，当今社会仍然存在巨大的教育需求。人工智能的发展无疑能够推动教育行业的智能化变革，而松鼠 AI 是行业的先行者，率先推出产品，满足社会上的教育需求。随着与教育相关的各类企业纷纷入局人工智能，未来，将会有更多的智能化教育产品与服务面世，进一步推动教育行业全面升级。

智能金融：打造现代化金融模式

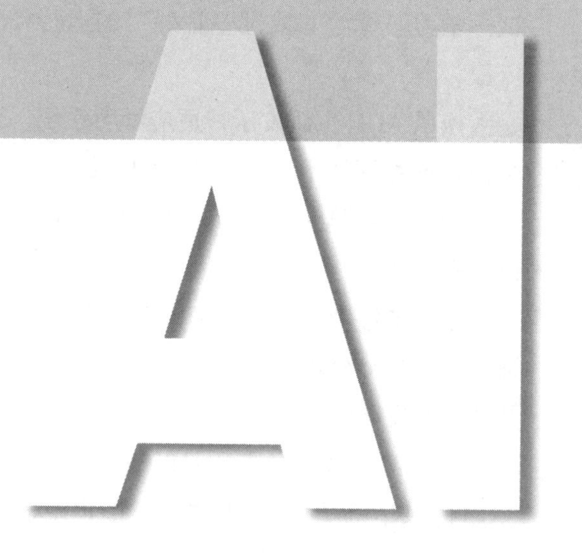

过去 30 年是金融领域大发展的时期，证券公司、保险公司、互联网金融等新事物陆续出现，股票、基金等金融产品变得越来越普惠。不管是个人理财、信贷，还是企业发债、上市，都离不开金融市场。然而金融行业存在许多痛点，如人力成本高、信息不对称等。人工智能技术的出现有效解决了这些问题，并催生了新的领域——智能金融。

智能金融是人工智能和金融行业结合的产物，能够解决金融行业中长期存在且无法用人力解决的问题。

12.1 人工智能如何赋能金融领域

人工智能给金融领域带来全面提升，例如，金融大数据提升数据处理能力，金融服务模式趋于主动化、个性化，实现手机智能支付，ChatGPT 助推金融行业智能化发展等。

12.1.1 金融大数据处理能力提升

在金融领域，大数据的应用潜力巨大，例如，证券业股价预测，银行业精准营销、客户管理，保险业风险管控等都离不开金融大数据。而人工智能与金融大数据的结合，为金融领域进行数字化转型提供了强劲驱动力。它可以实现数据价值的最大化，更好地提升服务效率，降低运营成本。

在运营方面，基于金融大数据的智能运营平台可以反映出用户在某个特定场景下的需求。结合实时的海量数据，金融机构能够对用户的意图进行分析，从而实现对用户需求的快速精准洞察，为不同需求的用户提供个性化的服务。

金融大数据的进一步应用，有助于金融机构打破金融数据信息孤岛，更好地绘制用户画像，准确预知用户可能面临的风险，进而实现“无感金融”。也就是说，当用户需要金融服务时，可以获得准确推荐，满足自身的个性化需求。

数据已经渗透各行各业，成为企业的重要生产要素。而人们对数据的挖掘和运用，将带来新一波生产率增长和消费者盈余的浪潮。只有那些有能力挖掘大数据的价值并将其转变为生产力的金融机构，才能在智慧金融的浪潮中脱颖而出。

12.1.2 服务模式趋于主动化、个性化

很多金融机构都在努力探索如何借助人工智能提升金融服务的智能化水平。金融服务智能化水平提升的关键在于，应用先进的人工智能技术，打造“人工

智能＋金融服务”模式，提升挖掘与分析金融数据的能力、市场行情分析能力与预测能力、满足需求的服务能力以及金融风险管理与防控能力，以推动服务模式趋于主动化、个性化。

在人工智能与金融融合发展的道路上，互联网巨头不断拓展金融服务的边界，尝试构建新的金融生态体系，使更多客户受益。

在这方面，一个著名的案例是百信银行。百信银行由百度与中信银行联手打造。在人工智能的浪潮中，在天时、地利、人和皆具的背景下，百信银行迎来了发展契机。百度致力于借助人工智能把百信银行打造成最懂客户、最懂金融产品的智慧金融服务平台，真正让智慧、金融离所有客户更近一点。

在金融领域，百信银行加大对智慧金融服务平台的建设力度。目前，已经有 300 多家金融机构与百信银行展开合作，并接入智慧金融服务平台，实现全面的数据共享。在智能服务领域，百信银行借助人脸识别、语音识别等技术，推动智能金融产品的商业化落地，不断提升客户的使用体验。

未来，百信银行将会推出更先进的智能金融产品。这些产品将会与客户的手机连接，这样客户就可以足不出户享受智能金融服务。在技术的助力下，百信银行真正能够做到让复杂的金融服务变得更加简单、便捷。

实现“人工智能＋金融”的道路虽然还很漫长，但是随着各项技术的成熟和落地，金融服务的边界势必被进一步拓展。与此同时，金融机构会推出更有价值、更智能的金融产品，从而为客户创造更好的消费环境，提供更优质的金融服务。

12.1.3 实现手机智能支付

5G、人工智能等信息技术的迭代升级，促进了手机移动支付的智能化升级。5G、人工智能这两大技术在移动支付的应用上深度融合，丰富了移动支付的场景与方式，使移动支付有了全方位的智能化提升，主要体现在以下几个方面，如图 12-1 所示。

1. 支付模式和智能化应用的升级

5G 技术与人工智能机器终端的融合应用改变了银行传统的业务和服务模式，为用户提供更加轻量级、个性化的支付服务。以工商银行的 5G 消息平台为例，它融合了人工智能文本分析与语义理解技术，可以在用户使用过程中实现人机智能交互。

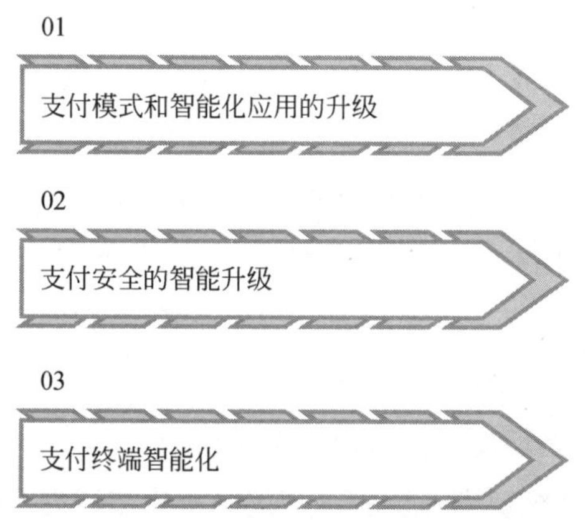

图 12-1 移动支付智能化提升的表现

2. 支付安全的智能升级

人工智能技术不断升级拓展了移动支付的发展空间，它不仅解决了海量交易的并行计算问题，还提升了移动支付智能决策运算能力，让整个交易生态闭环更加安全。例如，西安银行凭借人工智能技术对移动支付流程的全覆盖，包括数据收集、数据存储、数据监控等，构建了“天网”监控系统，极大地提升了银行的支付安全保障能力。

3. 支付终端智能化

随着人工智能、机器学习、生物识别、区块链等技术的发展，支付方式发生了巨大变革，支付终端趋于智能化。目前，支付终端已经从接线 POS 机转变为各种各样的无线支付终端，如蓝牙 POS 机、扫码 POS 机、人脸识别 POS 机等。除了实现智能化，支付终端的体积也在变小，而且安全保障的逻辑更贴近现实，极大地提升了用户体验。

以 SaaS 支付系统为例，支付终端融合 SaaS 平台，可以使整个产业链的资金流转和结算更加高效、透明。不同收付结算方式以及商户财务管理的问题迎刃而解，大幅提升整个产业链的效率。

12.1.4 ChatGPT 推动金融行业智能化发展

在金融行业，ChatGPT 的应用主要体现在以下几个方面。

第一，ChatGPT 能够应用于金融投资与咨询业务。ChatGPT 的虚拟客服相关服务，在金融领域同样适用。金融领域的虚拟客服能够为客户解答各种各样的问题，通过与客户的线上实时交互，提升服务的质量与效率。

ChatGPT 的智能投资咨询机器人能够满足个体投资者的个性化咨询需求，根据个体投资者的风险承受能力与财务目标，为其提供科学的投资建议。

第二，作为智能化的文本处理模型，ChatGPT 能够自动生成财务报告、新闻等金融相关的文本内容，使金融领域的从业者能够快速、及时地追踪行业最新动态，实时发布行业新闻。

第三，ChatGPT 能够应用于金融监测领域。具备自然语言处理能力的 ChatGPT，能够通过训练识别违反相关规定的言论与行为，并进行警告。

此外，通过对内部聊天记录或电子邮件等材料的分析，ChatGPT 还能够帮助企业识别员工的言行是否符合要求。

总的来说，ChatGPT 能够帮助金融机构或金融企业规范自身言行，确保自身经营的全过程都符合相关法律法规的要求，从而使整个金融系统的运行更加稳定与健康。

第四，ChatGPT 还可以用于金融风险管理。用金融数据对 ChatGPT 进行训练，ChatGPT 能够对大量财务数据进行分析，从而预判发展趋势、识别潜藏风险，并总结出可供参考的信息。通过分析这些信息，金融领域从业者能够制定更为合理的风险管理策略，规避金融风险，做出更加明智的投资决策。

12.2 智能金融的主要表现形式

智能金融使得很多金融工作都实现了智能化，例如，高效、人性化的智能客服，高效预测、金融风险防控，以大数据为依托的智能信贷决策，认证客户身份与安防等。

12.2.1 多模式融合的在线智能客服

金融咨询是金融领域的一项基础业务，人工智能的发展使金融咨询业务焕发了新的生机。人工智能在金融领域的一个典型应用就是AI金融客服。AI金融客服能够使金融咨询服务更加人性化、智能化和高效化。

首先，金融咨询服务更加人性化。

金融行业属于高端服务行业。金融机构只有满足客户的核心需求，为客户带来价值，才能吸引更多的客户选择自己的金融理财产品。在金融咨询方面，金融机构应为客户提供完善的服务，这样才能获得客户的认可。

在传统业务模式下，人们在银行办理业务时要排很长的队。由于服务的人数众多，银行的工作人员难免会有情绪。如果客户情绪也不好，则很容易导致双方发生口角。这会降低金融机构的服务水平，给金融机构带来负面影响。

AI金融客服的出现能够有效避免这一问题。借助语音识别、视觉识别、大数据、云计算等先进技术，AI金融客服的整体表现会更像一个“人”，而且比真人客服更有礼貌，态度更和善。

有了人工智能的加持后，AI金融客服能够智能回答客户提出的各种金融问题。而且AI金融客服在回答问题时，不会带有任何不良情绪，始终以平稳的语调与客户沟通。同时，在视觉识别技术的支持下，它能够高效解读客户的面部表情。如果客户对AI金融客服的回答有疑虑，它会直接联系更专业的人员，让他们做出令客户满意的解答。

另外，AI金融客服还能够形成“多渠道并行，多模式融合”的客户服务通道。例如，AI金融客服可以通过电话、短信、微信和App等多种形式与客户进行智能对话。借助自然语言处理技术，AI金融客服能够听懂客户的语言，理解客户的真实意图，从而提供更具人性化的服务。这种人性化的设计会为金融机构带来更多的客户。

其次，金融咨询服务更加智能化。

金融咨询服务更加智能化主要体现在专家系统与深度学习技术的融合应用上。借助高科技，AI金融客服变得更加聪明。尤其是在深度学习技术的助力下，AI金融客服能够自主学习，回答常见的金融问题。这能够有效提升客户的留存率和转化率。

最后，金融咨询服务更加高效化。

大数据技术大幅提升AI金融客服的数据处理能力。金融行业是百业之母，与各个行业都有交集。金融行业是信息密集型、知识密集型行业，其中沉淀着海量的金融数据。这些数据内容庞杂，不仅有各种金融产品的交易数据信息，还有客户的基本信息、市场状况的评估信息、各种风控信息等。

这些庞杂的数据会对金融咨询服务人员开展工作产生阻碍。金融咨询服务人员想要提取到关键、有效的信息，就要耗费大量的时间成本和更多的精力。而大数据技术以及人工智能算法，可以优化数据，帮助金融咨询服务人员把最有价值的金融数据提取出来，为客户提供优质的金融咨询服务。这样就能够从根本上提高金融咨询服务的效率。

12.2.2 金融预测、反欺诈

人工智能赋能金融监管合规化，指的是金融机构利用人工智能技术保证金融活动的安全性、规范性。其目的是加强对金融活动的规划和协调，节约金融监管的成本，提升监管的有效性，更有效地甄别、防范和化解各类金融风险，从而更好地为客户服务。

随着金融监管合规成本不断提升，很多金融机构都意识到只有精简监管申报流程，才能有效提高数据的精准性，并且降低成本。

金融监管合规领域的专业人士普遍认为，人工智能监管科技能够实时自动化分析各类金融数据，提升金融机构的数据处理能力，避免金融信息不对称。同时，人工智能监管科技还能够帮助金融机构核查洗钱、信息披露以及监管套利等违规行为，提高违规处罚的效率。

人工智能金融监管系统主要借助两种方式进行自我学习，分别是规则推理和案例推理。

规则推理学习方式能够借助专家系统，反复模拟不同场景下的金融风险，更高效地识别系统性金融风险。

案例推理的学习方式主要是利用深度学习技术，让人工智能金融监管系统自主学习过去发生的监管实例。通过智能的学习、消化、吸收和理解，人工智能金融监管系统能够智能、主动地对新的监管问题、风险状况进行评估和预防，给出最优的监管合规方案。

目前，人工智能领域的核心技术之一——机器学习技术已经广泛应用于金融监管合规领域。在这一领域，机器学习技术有三项应用，如图 12-2 所示。

图 12-2　机器学习技术在金融监管合规领域的三项应用

1. 金融违规监管

机器学习技术能够应用于各项金融违规监管工作中。例如，英国的 Intelligent Voice 公司研发出基于机器学习技术的语音转录工具。这种工具能够高效、实时监控金融交易员的电话，这样就能够在第一时间发现违规金融交易中的黑幕。Intelligent Voice 公司主要把这种工具销售给各大银行，银行的金融违规监管因此受益。再如，位于美国旧金山的 Kinetica 公司能够为银行提供实时的金融风险敞口跟踪服务，从而保证金融操作安全、合规。

2. 智能评估信贷

机器学习技术能够智能评估信贷风险。机器学习技术擅长智能化的金融决策，能够在这一领域产生很大的作用。例如，Zest Finance 公司基于机器学习技术研发出一款智能化的信贷审核工具。这款工具能够对信贷客户的金融消费行为进行智能评估，并对客户的信用进行评分。这样银行就能够更好地做出高收益的信贷决策，金融监管也会更高效。

3. 防范金融欺诈

机器学习技术还能够防范金融欺诈。例如，英国的一家创业公司 Monzo 建立了一个 AI 反欺诈模型，能够及时阻止金融诈骗者完成交易。这样的技术对银行和客户都大有裨益，银行的监管合规能力会进一步提升，客户则可以规避风险，避免遭受财产损失。

12.2.3　融资授信决策与借贷决策

人工智能的快速发展促使智能信贷成为科技金融的先锋力量。智能信贷指的是一种智能化的信贷模式，所有的信贷流程都能够在线上完成。借助大数据、云计算以及深度学习技术，智能信贷在核心层面变革了传统的信贷模式，包括收集金融资料、处理金融数据、分析金融结果、做出相关决策等，提升了客户的体验。

智能信贷的时效性越来越强。智能信贷的客户群体多为对小额贷款有需求的人员，由于信贷金额不大，再加上大数据处理问题的能力越来越强，因此智能信贷的放款速度越来越快，很多燃眉之急都能及时得到解决。

智能信贷有三大发展趋势，如图 12–3 所示。

1 智能信贷将成为金融消费主力军

2 智能信贷要走精细化运营之路

3 智能信贷体系将日益开放化

图 12–3　智能信贷的三大发展趋势

1. 智能信贷将成为金融消费主力军

信贷是一种常见的金融需求，可是在传统的借贷模式下，客户的信贷需求得不到及时满足。原因主要有两个：一是传统银行的信贷审批流程过于烦琐，信贷消耗的时间较长；二是民间信贷利率高、渠道过于复杂。这些因素导致人们无法享受到便捷、高质量、高效率的信贷服务。

各种先进技术在信贷业务中的应用将会有效改变这一局面。在人工智能、大数据、区块链、云计算等技术的融合应用下，智能信贷产品如雨后春笋般涌现。各大互联网巨头纷纷布局，开发自己的智能信贷产品。目前，市场上比较流行的智能信贷产品大多是互联网巨头开发的，如京东的白条、腾讯的微粒贷等。

2. 智能信贷要走精细化运营之路

精细化运营的关键是利用大数据技术和深度学习算法建立一套完善的风控系统。金融界有一句经典语录："最好的风控就是不借一分钱给任何人。"如果智能信贷产品能够做到不借给不信任的人一分钱，那么风控水平可谓是极高的。

当然，智能风控只是智能信贷精细化运营的一个环节。要做到更加精细化的运营，还需要在高信用度客户的获取、贷款催收以及复贷策略等方面采取一定的措施，具体来说要做到以下三点。

第一，利用大数据技术精确锁定优质客户，向他们推销智能信贷产品。一般来说，优质客户是低风险、高频率的客户，他们经常使用信贷产品，并且信用值很高。锁定这样的客户能够保证客户的转化率，提升智能信贷产品的价值。同时，精细化、专业化的服务能够吸引更多的种子客户，提高智能信贷产品的品牌价值。

第二，利用神经网络算法、云计算等技术，对客户的信贷情况进行监测、评估。人工智能技术能够预测出客户贷款催收的成本与收益，并据此推荐最合适的催收方式，从而有效保证贷款催收效率。

第三，在复贷策略上也要坚持精细化运营。这方面的运营重点是分析客户的还款行为以及客户的重复消费次数等基本数据。对于信用值较低的客户，相应地减少其信贷额度；对于严重不守信用的客户，收回账款后，应拒绝再为其提供借贷服务；对于优质客户，要用更优惠的政策激励他们继续使用智能信贷产品。

3. 智能信贷体系将日益开放化

金融行业是非常注重边际效应的一个行业。智能信贷体系只有保持开放，才能获得更大的成功。开放的体系追求深度的合作，这也是很多智能信贷机构或智能信贷企业努力的方向。

例如，品钛集团旗下的“读秒”就非常注重与其他行业的深度合作，保持信贷体系开放。读秒有一套独特的服务模式，通过提供模块化的产品，保证智能信贷产品的灵活性，能够自由嵌入不同的消费场景。目前，读秒已经与携程、乐视商城等多家企业达成合作，深受客户的认可。

从整体来看，智能信贷产业链的打造遵循由数据到技术再到智能决策这一不可逆的内在逻辑顺序。金融机构根据这一逻辑顺序，研发满足客户需求的智能信贷产品，能够在人工智能的浪潮中获得高额的盈利。

12.2.4 认证客户身份与安防

作为资金流动较大的场所，银行的安防问题一直是金融安防的重中之重。智能技术的引入，能够有效升级银行等金融机构的安防系统，通过智能认证客户身份，有效减少非客户人员的流动，使客户的资金安全得到保障。

如今，支付宝 App 以及各大银行的手机银行 App 都具备人脸识别功能。客户开启手机摄像头授权，App 将自动采集客户的人脸图像并与预留图像进行对比，确认客户是否可信。

而各大银行的线下网点，则可以利用新一代机器视觉技术，结合人工智能实现人脸识别，对进入银行的人员一一进行身份甄别，以确保进入银行的人员全都是可信的客户，完成认证客户身份与安防工作。

12.3 人工智能在金融领域的应用

如今，人工智能在金融领域已经实现了广泛应用。下面通过几个案例来说明，分别是今始科技的智能化金融安全解决方案、读秒科技的快速信贷决策、Wealthfront 的智能投顾。

12.3.1 今始科技：打造智能化金融安全解决方案

今始科技（Linkface）是一家新型的技术服务机构，诞生于清华科技园创业大厦。诞生之初，今始科技就获得了不少世界级奖项。随着人工智能技术在金融领域的应用，今始科技开始探索保障金融安全的方法。

正是凭借这种非常珍贵的钻研精神，今始科技很快获得了投资者的关注和认可，并先后与 50 多家知名企业达成深度合作，其中大多是互联网金融企业和传统商业银行。

今始科技非常清楚地意识到，对于准入门槛非常高的金融领域来说，如何提高交易场景的安全指数是一个十分关键的问题。因此，今始科技的最大愿景就是为金融企业和金融机构提供星级安全服务，打造出一套完美的智能化金融安全解决方案。

依托以深度学习为驱动的相关技术，今始科技构建了一个身份核验机制。该机制适用于那些需要身份认证的场景，如远程开户、柜台开户、ATM 交易、线上实名认证等。这样可以使“我是我”的认证过程更加高效，也更加安全。

今始科技的人脸识别技术具有相当高的安全系数，甚至可以与 7 位数字密码媲美。即便如此，还是会有黑客用各种各样的不法手段对系统进行攻击。在这种情况下，今始科技活体检测技术就可以派上用场，对不法攻击进行鉴别，从而最大限度地保证金融安全。

未来，AI在金融安全方面的应用可能性会越来越多。这不仅可以帮助金融企业和金融机构打造最高安全标准，还可以让金融工作变得更加高效、轻松，为金融领域创造更大的价值。

12.3.2 读秒：加速信贷决策

在传统信贷模式下，信贷决策由信贷人员做出。这种决策方式存在很多弊端，如主观色彩过于强烈、所需时间过长、耗费精力过多等。

为了解决这些弊端，一套完整的智能信贷解决方案——读秒横空出世。在最开始，“读秒驱动”只是一个决策引擎产品，经过多年的发展，现在已经成为一套完整的智能信贷解决方案。

到目前为止，读秒接入的数据源已经超过40个，通过API接口，这些数据源可以被实时调取。

另外，接入数据源以后，读秒还可以通过多个自建模型，如预估负债比、欺诈、预估收入等，对数据进行深入的清洗和挖掘，并在此基础上，综合平衡卡和决策引擎的相关建议来做出最终的信贷决策。

更重要的是，所有的信贷决策都是平行进行的。据了解，只需要10秒左右的时间，读秒就可以做出信贷决策。在这背后，不仅有前期积累的大量数据以及对数据的智能分析，还有海量的模型计算。

在普通人看来，大数据、机器学习等前沿技术就好像一个大黑箱，但其实是可以从中找到一些规律的。读秒的合作伙伴会为读秒进行模型训练提供大量数据，但真正有价值、有用途的数据都是需要进一步挖掘的。

例如，客户申请信贷会产生各种各样的数据，包括交易数据、信用数据、行为数据等，这些数据可以帮助金融机构更加深入地了解客户。然而，这些数据是需要挖掘的，挖掘的过程与信贷的过程不是融合的。

有了海量的数据之后，读秒需要利用距离、分组等决策算法，从这些数据中筛选出业务适用的模型，规避风险。之前第三方数据源可能会提供客户在多平台借款的情况，如借款5次、8次、10次等。但是现在，读秒更关注客户在多平台的借款频率在过去的90天、270天、360天中是怎么变化的，以及借款的次数和借款平台数的关系。

虽然不同客户在不同平台留存的数据看起来没有太大关联，但这些数据会形成交织网络。而且，随着客户数量的增加，留存的数据会越来越多，读秒的自创模型就可以得到进一步优化，从而适用于更多场景。

读秒的大数据并不是面向一个客户，而是面向一群客户。正是因为这样，再加上前期积累的数据，才造就了读秒的10秒决策速度。

以读秒为代表的智能信贷解决方案让信贷决策变得更加科学、合理、准确。可以预见的是，未来，信贷决策的智能化程度会越来越高，金融领域的稳定性也会越来越强。

12.3.3 Wealthfront：便捷的智能投资顾问

在“人工智能+金融”的浪潮下，智能投顾在各个国家迅速崛起，出现了很多出色的应用案例，美国的智能投顾平台Wealthfront是其中一个典型。

Wealthfront可以借助计算机模型以及云计算技术，为客户提供个性化、专业化的资产投资组合建议，如股票配置、债权配置、股票期权操作、房地产资产配置等。

Wealthfront具有五个显著的优势：成本低、操作便捷、避免投资情绪化、分散投资风险、信息透明度高。其竞争力和影响力主要来源于这五个优势。当然，Wealthfront能获得快速发展也离不开强大的人工智能技术以及具有超强竞争力的模型，美国成熟的EFT（Electronic Funds Transfer，电子资金转账系统）市场，优秀的管理团队、投资团队，SEC（Securities and Exchange Commission，美国证券交易监督委员会）的监管。

首先，Wealthfront的发展离不开强大的人工智能技术以及具有超强竞争力的模型。

Wealthfront具有强大的数据处理能力，能够为客户提供个性化的投资理财服务。借助云计算技术，Wealthfront还能够提高资产配置的效率，极大地节约费用、降低成本。此外，借助人工智能技术，Wealthfront打造了具有超强竞争力的投顾模型。该模型充分融合了金融市场的最新理论与技术，可以为客户提供权威、专业的服务。

其次，美国成熟的EFT市场为Wealthfront提供了大量投资工具。

美国的EFT种类繁多，而且经过不断发展，EFT资产规模已经达到上万亿美元，能够满足不同客户的多元化需求。

再次，Wealthfront的发展离不开优秀的管理团队、投资团队。

Wealthfront的许多核心管理成员都来自eBay、苹果、微软、Facebook、Twitter等世界知名企业。投资团队的成员都拥有丰富的投资经验，并且有丰富的人脉关系和资源。

最后，Wealthfront的发展离不开SEC的监管。

美国的SEC监管体制比较完善，SEC下设投资管理部，专门负责颁发投资顾问资格。在这种健全的监管体制下，Wealthfront能顺利地开展理财业务和资产管理业务。

多种因素的叠加，使得Wealthfront拥有强大的功能。借助智能推荐引擎技术，Wealthfront能够为客户提供定制化的金融服务。此外，智能语音系统能够及时为客户提供优质的线上服务，大幅节省了客户的时间，提高了客户的使用效率。

总而言之，Wealthfront充分发挥了人工智能的价值。通过对各项技术的综合使用，其可以在降低成本、提升效率的同时，为客户提供更好的体验。

智能文娱：深入挖掘文娱红利

如今，人工智能技术不仅深刻影响着交通、农业、医疗、制造、教育、金融等行业，还为文娱领域的发展注入新的活力。文娱产业迎来发展黄金期，朝着数字化、智能化的方向变革。然而，人工智能技术的应用也对文娱产业造成了一些不好的影响，我们要正视这些消极影响，积极促进人工智能技术与文娱产业共同发展。

13.1 AI 时代的智能文娱

进入人工智能时代，传统的文娱产业发生了全新变革。在人工智能等数字化新技术为文娱产业赋能、推动其获得新发展的同时，文娱产业也反哺社会，为经济发展带来新的可能性。

13.1.1 文娱领域迎来“黄金时代”

2021 年 7 月，第六届淘宝造物节在上海举办。此次造物节注重沉浸式和个性化。在造物节会场中，游客仿佛置身于一个奇幻的古城，富有二次元特色的戏院、古代科学家的实验室、小说中的天机阁、《山海经》中的珍奇异兽等众多各具特色的场景分布在会场的四个大区中。

无论是二次元爱好者，还是钟情古风的手工爱好者，或是喜爱美食的游客，都可以在造物节体验到沉浸式游览的快乐。

在占地 3 万平方米的超大寻宝密室中，主办方在其中采用了 AR、人工智能、3D 全息投影等多种技术，辅以烘托气氛的灯光、音效，成功为游客营造出古建筑密室的阴森氛围。而在珍奇异兽馆中，除了蛇、守宫等小众宠物，主办方还采用 3D 全息投影、人工智能等技术展示出《山海经》中的众多上古神兽，吸引了不少游客慕名而来。

得益于技术的快速发展，游客才能体验一场如此精彩的造物节。在互联网市场逐渐饱和的今天，随着人工智能技术的发展，文娱领域迎来发展的“黄金时代”。

那么，人工智能技术能够为文娱领域带来什么样的变革呢？

首先，人工智能技术能够优化文娱产品相关服务。

Netflix 是一个会员制流媒体播放平台，在世界范围内广受用户欢迎。起初，Netflix 将大数据技术与娱乐产业结合起来，通过大数据技术抓取、分析用户的娱乐喜好，实现精准推送。同时，Netflix 还通过大数据深入挖掘市场需求，不断推出符合市场喜好的文娱产品，引爆自身品牌的口碑。

到了如今这个以深度学习算法为主导的人工智能时代，Netflix 也积极顺应时代潮流，推出基于人工智能技术的动态优化新算法，从而能够实时分析娱乐视频内容，动态调整数据的传输速度，为用户提供更加流畅、稳定的观看渠道，不断优化自身提供的产品与服务，使用户体验得到提升。

Netflix 还利用先进的人工智能算法对官网以及用户推荐板块进行优化，进一步明确用户的观看倾向，为用户提供更加精准的娱乐项目推荐。此外，Netflix 还通过与亚马逊合作，利用亚马逊云端服务器缩短了人工智能的学习时间，提高了自身的工作效率。

其次，人工智能技术能够带来全新的娱乐产品与娱乐方式。

人工智能技术使虚拟现实在娱乐场景中的应用越来越广泛，使虚拟现实的交互性进一步提高，带来全新的交互体验，例如，VR 直播、VR 游戏等新应用使人们的娱乐体验越来越丰富。

最后，人工智能技术能够带来全新的“艺术创作”。

人工智能擅长从海量数据中探寻规律，并利用这一规律协助人类完成创造性与技术含量较低的重复性工作。相较于人工智能，人类具有情感观念、审美情趣、创作意识，对于文艺创作工作更加擅长。然而，在某些特定条件下，人工智能也能够完成“艺术创作”。

例如，阿里云人工智能 ET 是阿里巴巴推出的一个能够创作春联的智能机器人。该智能机器人不仅能够模仿知名书法家的书法风格，还能够根据体验者的要求，现场进行不同风格的春联内容的创作，如经典传统型、幽默风趣型等。这都是基于人工智能算法实现的。

利用人工智能，还能够进行音乐方面的艺术创作。加州大学音乐学教授戴维·柯普专注于计算机谱曲的研究，他制作的一个名为“音乐智能实验”的人工智能程序，一天能够创作出超过 5000 首巴赫风格的乐曲。戴维·柯普不断对该程序进行优化升级，使这一程序还能够模仿肖邦、贝多芬等诸多大师级音乐家的曲风。

人工智能的发展，使文娱产业迎来了“黄金时代”。未来，随着智能文娱的产业链条逐渐完善，以及相关技术的进一步成熟，智能文娱的发展将呈现出更加多元化、精品化、大众化的特点。智能文娱将成为文娱领域发展的重要趋势。

13.1.2 催生智能文娱新经济

随着人工智能、大数据、物联网、云计算等新新技术与文娱产业的垂直领域进行深度融合，文娱产业迸发出新的活力，催生智能文娱新经济。

以 VR 为例，在游戏领域，VR 技术已经实现大范围应用，各种 VR 游戏层出不穷，游戏设备也积极引入 VR 技术，为游戏行业带来了新的机遇。近年来，VR 游戏用户数量不断增加，VR 游戏带来的销售收入也随之增加，VR 游戏已经成为游戏行业中十分重要的垂直领域之一。

同时，VR 技术还被一些企业应用于各类场景的融合，催生了新的商业模式与商业场景。

以玩具制造业起家的奥飞娱乐，便是这些企业之一。近年来，奥飞娱乐积极布局泛娱乐领域，推出奥亦乐园虚拟现实体验中心；结合 VR 技术与知名 IP，打造“VR 体验店 + 餐饮消费 + 相关衍生品销售”的线下娱乐新模式。

奥亦乐园的一大亮点是 VR 技术与超级 IP 的深度结合。奥飞娱乐利用自身全球领先的动作捕捉技术与泛娱乐产业资源，将 VR 技术与《喜羊羊与灰太狼》《超级飞侠》等经典 IP 融合，推出衍生品销售与独具特色的餐饮业务，让消费者能够与科技同行，获得良好的消费体验。

此外，还有不少企业将自身优势与新技术结合，创造出新的商业模式与经济形态。例如，腾讯将互联网和粉丝经济结合，构建了打通游戏、影视、动漫、文学等多种文娱业务的商业生态。

人工智能等新技术在文娱行业落地，有助于智能文娱新经济的发展。未来，智能文娱新经济将成为文娱产业经济发展的主流模式，引领人们的消费观念，为我国的文娱产业注入新的活力。

13.1.3 智能媒体展现无限可能

智能传媒是结合人工智能与人类智能并使其协同的一种在线信息传播系统。而智能媒体就是在智能传媒的基础上，能够更敏捷地感知用户需求并为用户带来更佳消费体验的服务端的总和。智能媒体的核心在于实时、智能地满足用户需求，为用户提供更优质的产品。简单来说，智能媒体就是一个基于人工智能技术且具备自动处理某些问题的能力的媒体。

技术的发展是智能媒体发展的基础，人工智能等技术极大地拓展了以人为主导的传统媒体的发展空间，使智能媒体在新媒体与传统媒体的竞争中逐渐崭露头角。越来越多样化的用户消费需求为智能媒体的出现提供了可能性，新时代的用户需求更具个性化，用户行为的不断变化推动媒体朝着更加智能化的方向变革。

作为人工智能技术在媒体领域的应用，智能媒体有多种应用场景。

首先，智能媒体能够做到智能化的内容生产。例如，人工智能机器人不仅能够进行新闻报道，还能够在极端环境下进行长期作业，非常适用于拍摄纪录片。此外，人工智能技术在实时视频、实时音频、视频内容检索与推荐、实时交互等方面都可以实现商业化落地，推动文娱行业出现更加优质的作品。

其次，智能媒体能够进行智能化的内容分发。例如，人工智能技术能够根据用户行为数据对用户的消费倾向、行为偏好等进行分析，根据不同用户的个性化特征为其进行内容推荐，使用户能够接收到符合自己喜好的内容，优化用户体验。

最后，智能媒体还能够实现智能化的内容管理。传统媒体很难对视频、音频等非结构化的数据进行很好的分类与整理，将人工智能技术引入媒体，能够高效构建媒体信息数据库，优化内容管理系统。

当前，越来越多的企业应用各具特色的智能媒体为用户提供多样化、个性化的服务。在人工智能等新技术的支持与引导下，智能媒体有无限发展可能。

13.1.4 封面新闻：推出“30 秒”频道

快节奏的生活方式使得人们的娱乐方式呈现出“短、频、快”的特点。具体来说，“短”指的是时间短，“频”指的是次数频繁，“快”指的是接收信息快。人们越来越倾向于通过精简的文字、短视频、快速解说等方式接收信息、进行休闲娱乐，这也是短视频越来越火爆的一个原因。

为了满足广大青年群体快速获取新闻资讯以及进行休闲娱乐的需求，封面新闻推出“30秒”客户端，为用户提供微视频新闻服务。

30秒的时间能做什么？这么短的时间恐怕都不能接完一杯咖啡，或者发出一条图文兼备的朋友圈。但是在封面新闻的“30秒”客户端中，人们可以利用30秒的时间知晓天下大事、了解权威信息、学习生活小常识、观赏精美视频、进行日常娱乐放松等。

用户浏览短视频的速度极快，为了满足用户大量观看的需求，内容提供者必须每天保质保量进行更新。封面新闻能够做到每天量产百条优质视频，离不开智媒云技术的支撑。封面新闻通过将这一新技术与视频内容结合，对视频生产流程进行云创新与云创作，利用智能拆条、智能卡点、人工书签的功能，让短视频的制作与产出更加便捷。

通过运用智能媒体前端工具，曾经30分钟才能制作完成的新闻视频，现在4分钟以内便能够完成，这也充分体现了封面新闻“技术+新团队”的理念。智媒云技术为封面新闻推出“30秒”客户端奠定基础，也为其未来进一步拓展市场提供了保障。

13.2 智能文娱背后的技术支撑

智能文娱蓬勃发展的背后离不开新技术的推动，以人工智能技术为基础的创新编程、沉浸式视听体验、交互式创意空间、智能传感技术、AIGC技术等是智能文娱发展的重要技术支撑。在智能文娱发展的过程中，这些新技术为人们提供了许多优质的文娱产品与服务。

13.2.1 创新编程

创新编程指的是科研人员先创造一个机器人，然后在实际应用情况的要求下，使用人工智能技术为其编程，并进行相应的算法设计，使其满足用户的多样化需求。运用人工智能技术为机器人进行编程，使机器人具备“术业有专攻”的能力，是人工智能技术成功落地的重要表现。

未来，由创新编程技术打造的智能机器人将会渗透文娱领域的方方面面，为人们带来各种各样的娱乐产品，提供多样化、个性化的娱乐服务。

例如，写稿机器人“Xiaomingbot”以及围棋机器人 AlphaGo，都是科研人员运用创新编程技术设计出来的智能机器人。科研人员为智能机器人设计了独特的算法，结合人类在某一领域的真实表现数据对智能机器人进行训练，使其不断深入学习，最终达到行业内顶尖水平。

下面介绍一个经过数亿次训练的智能机器人——微软小冰。微软小冰是微软（亚洲）互联网工程院设计的对话式智能机器人，具有高度类人性，取得了许多人类都难以取得的成就。例如，作为一个歌手，微软小冰发布了《我是小冰》《微风》等多首单曲；作为一位主持人，微软小冰参与了 28 档广播节目以及 21 档电视节目；作为一个诗人，微软小冰创作出名为《阳光失了玻璃窗》的诗集。同时，微软小冰还能够设计服装，由它设计的“天际线”系列服装已经上线销售。

微软小冰取得的成就无疑是令人惊叹的，那么，它究竟是如何被打造出来的呢？

微软（亚洲）互联网工程院的专家李笛无意间发现一个问答网页，后来经过与该网页的设计者，正巧也是微软员工的景鲲进行一番讨论后，李笛心中便萌发出打造一个能够模拟人类情感进行聊天的智能机器人的想法。

于是，他们组建了一个人工智能技术团队，并按照设想对聊天机器人进行了创新编程。创造完成后，他们将微软小冰投放到市场上，让其与来自各个国家的各种各样的人交流，不断积累聊天经验，从而在这个过程中不断优化算法，进一步提高微软小冰的情商。

经过多年的发展，微软小冰已经与多个国家的超过 6.6 亿名用户进行了数百亿条对话。在经过数百亿条对话的训练后，微软小冰对人类以及人类情感有了更加深入的了解，从一个简单的对话式智能机器人变成一个能够模拟人类情感，甚至可以引导聊天话题的“高情商少女”。

正是创新编程的技术与人类想象力的结合，才造就了微软小冰这种高情商与高智商兼具的人工智能机器人。如今，随着我国各大科技巨头的人工智能实验室相继落地，相信越来越多与微软小冰类似的智能机器人会不断涌现出来。

创新编程技术能够让人们的一些想象成为现实，使人们的文娱体验更加丰富多彩。

13.2.2 沉浸式视听体验

沉浸式视听体验是一种全新的体验式娱乐业态，当前在文娱行业十分火爆。这种体验方式与传统的被动式体验有着很明显的区别，能够通过多感官包围、代入式场景、高互动性叙事等方式，为用户打造一个高度逼真的虚拟三维空间，使参与其中的用户能够脱离当下所处的现实环境，沉浸在游戏或电影的虚拟环境中。

沉浸式视听体验在文娱行业的许多领域都有实际应用。例如，旅游行业中的沉浸式体验就是通过全景式的视、听、嗅、触觉交互，为游客带来身临其境的体验。随着新时代各种技术的应用，旅游行业也将进入体验式的新时代。

许多展馆使用三维数字化扫描技术，并结合人工智能、AR、全息投影等技术为游客展示展览品，使游客能够全方位、多角度地观赏展览品。此外，还有一些展馆运用动作捕捉技术活化数字化展品，如展现一些古代场景、原始生物等。充满科技感的展览方式能够极大地引起游客兴趣，为游客带来更好的观赏体验。

不仅展馆推出体验式展览，许多主题公园也对游客开放了沉浸式体验项目。例如，迪士尼乐园打造了一个将虚拟与现实完美结合的“西部世界”。事实上，“西部世界”是一家特色酒店，其外形是一艘巨大的太空飞船。游客进入这家酒店，就如同进入太空飞船一般，不仅可以从窗户直接观赏到太空美景，还能够享受到太空中的“不明生物”与机器人提供的服务。

而演出、电影、游戏等领域对沉浸式视听体验的运用更是屡见不鲜，例如，当下十分流行的沉浸式话剧，3D、4D、5D 电影，以及 VR 实景游戏等，都是沉浸式视听体验的实际应用。

2023 年 6 月，苹果重磅发布了一款名为 Vision Pro 的头戴式设备。Vision Pro 是一款能够改变人们与世界的交互方式的应用设备，将为人们带来一种全新的沉浸式视听体验，是空间计算时代的里程碑式产品。

Vision Pro 装配有 11 个摄像头以及传感器、激光雷达等画面捕捉设备，能够实时扫描使用者身处的外部环境，并通过渲染技术，将实景还原并呈现在虚拟屏幕上，实现数字内容与现实物理空间的完美融合。Vision Pro 还提供真实场景与虚拟场景自由切换的功能，只要旋转设备右上方的旋钮，就能够完成从AR到VR的切换。

与此同时，Vision Pro的外部还有一块弧形屏幕，能够显示出使用者眼部画面，并呈现透视效果。与市面上已有的各种VR设备相比，Vision Pro可以使使用者通过手势、声音和眼神快速完成操作，而不再依赖于控制器。借助先进的传感技术，苹果在Vision Pro上布置了足够多的传感器，以实现对使用者一举一动的追踪。

在光学显示方案上，Vision Pro采用了4K分辨率的Micro-OLED屏幕、3P Pancake光学模组等突破性硬件技术，最大限度地发挥了Micro-OLED发光效率高、耗电低、轻薄等优点。结合自研图像处理芯片，Vision Pro的画面更加清晰、真实，超越了业内的平均水平。

芯片是苹果在设计Vision Pro的过程中关注的重点问题之一。在行业内，苹果的芯片研发能力一直处于领先状态，这种领先也体现在Vision Pro的设计与研发上。当前，大部分VR设备应用的芯片为高通XR2芯片，而Vision Pro则搭载了和Mac Book Air同款的M2芯片，以及一款能够迅速处理并传输麦克风、传感器、摄像头数据的R1芯片。

在用户信息的保密性与安全性上，Vision Pro能够自动识别使用者的瞳孔信息，快速确认使用者身份。这样能够更好地保护使用者的隐私与数据安全。

事实上，苹果对Vision Pro的研究，早在2015年就开始了。苹果收购了多家相关领域的创业型智能科技公司，以实现对Vision Pro的应用开发平台、操作系统、光学镜片模组、新处理器等一系列关键组件的开发，如图13-1所示。到项目后期，苹果公司每年都会在Vision Pro项目上投入近10亿美元。

苹果在新技术研发、核心技术投入等方面都倾注了大量的人力、物力，最终在2023年推出Vision Pro。虽然苹果在发布会上只展示了Vision Pro作为一个可随身携带的巨大虚拟性、可互动屏幕，在办公、游戏、看视频三方面的功能，但Vision Pro的硬件显然足以支撑其完成更加复杂的任务。

Vision Pro的发布展现了VR等智能化技术给人们的文娱、生活、办公等带来的创新与变革。沉浸式视听体验将会使人们的生产、生活得到全方位优化，在提高效率的同时，极大地丰富人们的体验。

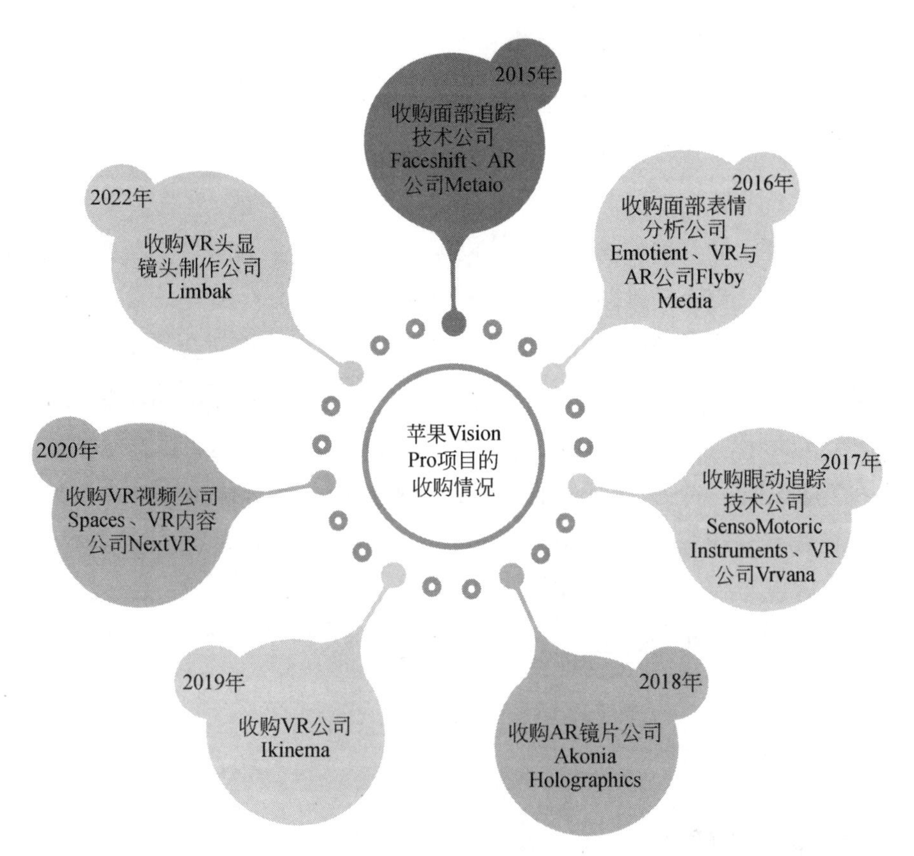

图 13-1 苹果 Vision Pro 项目发展过程中的收购情况

13.2.3 交互式创意空间

交互式创意空间指的是基于各种新技术打造出的充满个性化的创意式空间。交互式创意空间中的各种元素能够感应到用户做出的动作，并随着用户动作的改变而动态变化，与用户进行交互。

交互式创意空间中的所有元素都能够成为用户的“操作界面”。身处这一空间内，用户不需要实际触碰到实体物品，就可以和物品交互。

目前，交互式创意空间这一项技术大多被应用于新媒体以及主题公园等领域。Moment Factory 是一家世界闻名的多媒体娱乐工作室，专业从事建筑、灯光、动画、视频、特效与音效制作，十分擅长打造交互式创意空间，能够运用技术将普通的空间变为充满刺激的交互式感官世界，为参观者带来前所未有的参观体验。

Moment Factory 曾以“料理饮食文化”为主题，打造了一个“神秘餐厅”。事实上，这个神秘餐厅并不是一家能够用餐的真正的餐厅，而是一个数字化的交互式体验艺术展。

当参观者走进“神秘餐厅”时，周围的透明屏幕上会呈现不断变化的四季美景，参观者只要轻轻触碰屏幕，屏幕中的景色便会发生变化。参观者还能够在参观过程中看到一种蓝色火焰，只需向火焰伸手，火焰便会随着参观者的手势波动。整个参观过程还有许多环节，充满了会随着参观者的动作变化而变化的各种互动元素。

神秘餐厅是一个十分典型的交互式创意空间，结合体感互动、沉浸式投影、触摸式互动墙等技术，将交互式理念与特效设计以及饮食文化巧妙融合，向参观者展现了充满特色的美食文化。

交互式创意空间是智能文娱的一项重要技术支撑。未来，会有越来越多的交互式创意空间出现，在为人们带来充满科技感与体验感的娱乐活动的同时，也能够使文娱行业朝着数字化、智能化的方向发展。

13.2.4 智能传感技术

智能传感技术是人工智能技术与传感器结合的产物，能够在传感器探知外界环境之后，在传感器内部对信息数据进行分析处理，并与外界实现数据交换。根据实际需要，操作者能通过软件控制改变传感器的工作。

智能传感器是智能传感技术运用的基础，它能够将从外界得到的各种数据信息存储起来，并按照具体的指令对数据进行加工处理。同时，智能传感器还具备一定程度的自主性，能够自主决定哪些数据具有被传送的价值。在此基础上，智能传感器的工作效率得到极大提升。智能传感技术的应用对文娱行业的发展有着积极的推动作用。

近年来，随着我国人口老龄化问题凸显，养老问题成为极受重视的一大社会问题。而老年人的文化娱乐需求，也应当受到重视。

锣钹科技聚焦中老年人的文娱刚需，不断拓展中老年人文娱消费市场。相关数据显示，中老年群体对我国传统民族乐器，尤其是吹奏类乐器十分感兴趣。然而，在学习过程中，中老年群体可能会面临许多问题，如操作困难、乐器占用空间较大、学习过程复杂等。

针对这些情况，锣钹科技面向中老年群体的娱乐需求，研发出智能乐器 R1 电子吹管。该乐器自上市以来，获得了良好的市场口碑与经济效益。

锣钹科技通过真实乐器采样，运用音色合成器等硬件设施与 DAW（音频工作站）软件进行研发，借助智能传感技术使学习教程具有交互性，变革了传统的乐器学习方法。用户能够通过配套的"自乐班"App 进行自主学习，学习场景完全数字化、智能化。

此外，智能传感技术能够及时识别学习过程中出现的错漏并将其实时反馈给用户。这大幅降低了学习难度，使中老年人也能够轻松掌握乐器的吹奏技巧。

智能传感技术是锣钹科技研发 R1 电子吹管所使用的关键技术，有效降低了产品的使用门槛，帮助锣钹科技的产品拓展了更为广阔的消费市场。

当前，智能传感技术还没有完全成熟，在文娱行业中的应用也不是十分广泛。不过，随着人工智能等技术的不断进步以及相关企业加大对该技术的研发力度，智能传感技术将迎来发展的黄金时期，对智能文娱行业发展的推动作用将越来越明显。

13.2.5 AIGC 技术推动智能文娱发展

AIGC 应用 Chat GPT 爆红出圈，象征着生成式人工智能时代的到来。当前，AIGC 是社会关注的前沿话题，AIGC 技术逐渐向各个领域渗透。在智能文娱领域，AIGC 技术也有着广阔的落地应用场景。

1. 音频生成

音频生成的落地应用在我们的日常生活中并不鲜见。一个典型就是手机导航软件中的语音导航系统。例如，在高德地图中，使用者可以根据自己的兴趣爱好，自由地选择导航语音包，如图 13-2 所示。不管是明星大咖还是游戏、动画中的人物，使用者都可以让他们来为自己导航，这就是通过音频生成实现的。

明星或配音演员只需要提前录音打造一个语音库，智能系统就能够通过反复训练与学习，实现对明星与配音演员声音的模拟，用他们的“声音”为用户导航。当前，我们不仅能够选择软件提供的导航语音包，还可以自己录制语音进行导航。

图 13-2　高德地图的导航语音包

在音频生成领域，AIGC 的应用可以分为功能性音频与音乐创作两大类。导航软件配音就属于功能性音频。除此之外，功能性音频还包括文本、小说等的配音以及音频合成等。

音乐创作可以细分为录制、编曲、作曲、作词、配乐等环节。在音乐创作的过程中，AIGC 主要依托于 Transformer 模型进行训练与学习，将音乐数据转化为机器能够识别的编码式文本，再自动进行重复训练，生成编码式数据，并将其转化为新的音乐数据，完成音乐创作。2021 年，由人工智能谱写的贝多芬未完成之作《第十交响曲》在德国波恩上演，一时之间引起广泛关注。

在编曲上，AIGC 能够根据创作者的个人兴趣偏好进行编曲创作，还能够生成不同乐器的和弦，如贝斯、钢琴、鼓等。

2. 视频生成

AIGC 生成视频会对游戏、电影等诸多领域产生重大影响。目前，一些机构与企业已经开始布局 AIGC 视频生成领域，推动 AIGC 视频生成的发展。

从技术角度来看，视频就是将众多图片连贯地、有逻辑地串联在一起。与 AIGC 绘画相比，AIGC 视频生成的难度要高出不少。然而，AIGC 视频生成有着更加广阔的发展与应用空间。

随着技术得到进一步发展并趋于成熟，AIGC 生成的视频的质量将更加稳定，这将会给广告、影视、短视频等诸多内容生产领域带来颠覆式影响，不仅能够使视频制作的成本降低，还能进一步提升生产效率。此外，AIGC 还能够作为辅助工具，使创作者获得更多灵感，丰富视频内容。

作为我国首个创意辅助与 AI 艺术平台，文心一格凭借画作精美、使用便捷等优点，受到公众的广泛关注。2023年3月，新华社新青年与文心一格合作推出的由AIGC生成的国风MV《驶向春天》上线，引起广泛关注。在这支MV中，由AIGC生成的画面不断变换，十分流畅自然，为公众带来了全新的视觉体验。而且，MV画面色彩鲜明，与主题呼应，充满生机与活力，彰显出春天到来、万物复苏的内核。

在应用场景与技术方面的优越性，让文心一格受到各行各业的欢迎，越来越多的用户乐于体验用AIGC应用生成内容，AIGC与用户的距离进一步拉近。

同时，在视频生成领域，AIGC技术的引入，还有可能使虚拟数字人在未来成为影视剧中的演员。当虚拟数字人作为演员参与影视剧的拍摄与制作过程时，相关制作人能够激发出更多创作灵感，影视作品后期制作的质量与效率也能够大幅提升。总的来说，AIGC能够帮助影视作品在经济与文化上实现价值最大化。

不过，需要明确的是，在当前的技术发展阶段，AIGC在视频生成领域的应用还不成熟，仍然有许多问题需要解决。例如，在精度与可控性方面，文本生成视频的技术问题尚未突破。这是由于视频生成的复杂性很高，技术难度也随之成倍增加，在生成对精度要求较高的商业素材时，可控性就难以把握，存在模型交付困难、能耗过大、推理速度慢、易产生数据偏见等问题。

为了推动AIGC技术在视频生成领域的进一步普及与落地，相关企业仍需深入探索技术的融合与发展，使技术能够更好地应用到实践中。

3. 3D模型

对于开发、创造、设计一类的工作来说，构建3D模型是非常重要的环节。通常情况下，3D建模需要通过三维制作软件来实现，对技术水平有着极高的要求。同时，还需要操作者熟练使用各种3DMAX软件以及掌握大量美术知识；需要耗费大量人力、物力与时间成本。

随着AI技术的发展，3D建模的技术难度降低。人工智能研究公司OpenAI发布了一款名为Point-E的3D模型生成器，该生成器仅用时1～2分钟就在单块英伟达V100GPU上生成3D模型。而在过去，生成3D模型需要耗费数小时。

英伟达推出了一个全新的text-to-3D算法，名为Magic3D。这种算法的运行逻辑是先用较低的分辨率生成一个粗略的模型，再优化为更高分辨率的精细化模型。使用者仅需输入文字，该算法便能生成相应的3D物体。与

DreamFusion 算法相比，该算法的分辨率提升了 8 倍，内容生成速度提升了 2 倍。

Luma AI 是一家 3D 内容解决方案提供商，主要以 NeRF（Neural Radiance Field，神经辐射场）技术为发展核心，不断推出 3D 内容解决方案。例如，基于 NeRF 的视频到 3D 模型 API、网页版 NeRF 全体积渲染器、文生 3D 模型等。

简单来说，NeRF 就是一套关于三维重建的技术方案，其特点主要在于能够基于图像的现有视角，生成图像的新视角。有了 NeRF，手机、相机等工具便不再是单纯的摄像工具，还可以具备数据采集功能，在拍摄大量视频或图片后，便能够创造出一个可以微分的三维场景。与传统摄像测量的方案相比，NeRF 可以用更少的数据快速生成三维模型。

Luma AI 突破性地推出了具有 3D 生成功能的手机 App，在用户使用手机上传视频后，NeRF 功能便能够帮助用户生成 3D 场景，如图 13-3 所示。并且，Luma AI 推出的 NeRF 手机应用软件在清晰度、光影、色彩等诸多方面都有十分优秀的表现。

图 13-3　Luma AI 创建的 3D 场景

此外，Luma AI 还推出网页版应用，具备网页版 Luma、视频转 3DAPI、文字转 3D 模型等功能。

当前，已经有许多互联网达人成为 Luma AI 的用户，并进行了多种脑洞大开的创作。未来，随着技术发展更加成熟，AIGC 将会在 3D 建模领域有更加深入的发展，使 3D 建模成为人人都可完成的工作。

4. 游戏创作开发

作为一种娱乐形式，游戏的创作与开发是十分复杂的。大型游戏不但要为玩家提供充足的可玩性、互动性，还要兼顾玩家的游戏体验，这就意味着游戏的开发需要大量资源来支撑。人工智能的出现，为大型游戏的创作与开发提供了技术支撑。

AIGC 在游戏创作与开发领域的应用主要有以下几种。

1. 创造智能 NPC

在大型游戏中，往往需要有许多 NPC（Non-Player Character，非玩家角色）

来推动游戏剧情的发展。此前，NPC 的剧情以及与玩家的对话内容，通常都是由工作人员人工设定，游戏制作方会通过想象创作、主观联想为不同的 NPC 赋予不同的对话逻辑、动作、语音等。也就是说，不管玩家对游戏场景有何种反应，NPC 的反馈都是预先由游戏制作方设定好的。这样的 NPC 往往存在个性化不足、反馈单调、与玩家实时情绪不匹配等问题。

AIGC 技术的发展，能让游戏中的 NPC 更加智能。由人工智能算法支撑的智能 NPC 能够实时分析玩家输入的内容，并与玩家进行智能化交互。根据提前设置的提示性词语以及反复训练，智能 NPC 的能力能够得到进一步提升，使游戏能够构建起不重复且无限变化的剧情，极大地优化玩家的游戏体验，并使游戏的生命周期得到有效延长。

特别是对于养成类游戏来说，AIGC 个性化生成游戏反馈能够为游戏玩家带来剧情与画面的全方位、个性化游戏体验升级，使游戏整体的叙事流畅度得到提升，同时还能够大幅提升用户黏度。

当前，在《黑客帝国 · 觉醒》等游戏中，智能 NPC 已经实现了落地应用。同时，rctAI 公司正在对智能 NPC 进行大力开发，其主要目标在于推出在游戏中具备智能意识的 NPC。这类 NPC 的行为与对话都是动态生成的，不会出现重复的情况。这将使不同玩家游戏中的 NPC 表现出截然不同的性格特征、语言动作等，使每一位玩家都能够获得定制化的游戏体验。

2. 提高游戏创作效率

游戏中的各方面内容都可以通过 AIGC 来生成。例如，AIGC 生成文字能够应用于游戏的情节叙事、剧本与剧情设计等；AIGC 生成音频能够应用于游戏中的音效、音乐生成等；AIGC 生成图像能够应用于游戏中的道具、头像、人物设计等；AIGC 生成视频能够应用于游戏中的特效、人物动作、动画设计等；AIGC 生成代码能够应用于游戏主程序、地图编辑器生成等；AIGC 生成 3D 建模能够应用于游戏中的场景设计、3D 任务模型等。

一方面，AIGC 技术的引入能够大幅提升游戏开发效率，降低游戏开发成本；另一方面，在开放世界类游戏中，AIGC 对游戏场景的创建还能够使玩家的参与感得到提升。

事实上，游戏所构建的虚拟世界本质上就是 3D 资产的集合。与创建 2D 图像相比，创建 3D 资产更加复杂，涉及多种不同的步骤与问题，包括 3D 模型的创建、纹理效果的增加等。

Scenario 公司推出一个网页，如图 13-4 所示。用户通过简单的文字就能够更加方便、快捷地运用人工智能，生成大量优质游戏美术素材。

图 13-4　Scenario 官网截图

目前，Scenario 能够生成的游戏美术素材包括游戏中的角色、车辆、建筑、图标等，并能够保持风格一致。这代表着 AIGC 技术在游戏创作领域的应用正在向着精致化、统一化、成熟化方向不断发展。

可以预见的是，未来，AIGC 技术将会在游戏领域有更多、更深入、更细节化的应用，为游戏领域的发展带来无限可能。

5. AI 绘画

自从 AIGC 生成技术进入大众的视野以来，AI 绘画可以说是应用范围最广、最为人熟知的领域。

借助支持公众使用的公开性资源以及大模型产品，AIGC 能够通过算法的反复学习与训练，自主生成各种各样的画作。在此基础上，使用者可自主选择是否二次处理这些由 AIGC 生成的内容。通过 AIGC 应用，使用者能够与人工智能完成人机共创，从而搭建起较为完善的生产链路，打造出高质量、高效率、定制化的内容产出生态。

AI 绘画不仅方便、高效、快捷，而且画作质量有保障。AIGC 生成的画作如图 13-5 所示。

图 13-5　AIGC 生成的画作

然而，AI 绘画领域也存在一系列不容忽视的问题与隐患。例如，知识产权的保护问题、数据偏见的产生、人工智能的滥用、AI 绘画的延时性，以及如何保证 AI 绘画的创作符合人类价值观等。这些问题不断涌现，使得当前在社会层面，AI绘画仍然存在许多争议。

虽然争议依然存在，但当前市场中仍然有大量围绕AI绘画展开的商业化活动。例如，有一家名为Art AI的画廊，就是利用AIGC生成画作来运营的。该画廊展览并出售的内容，大部分都是AIGC根据历史上的精美艺术画作创作的。这些画作不仅在精美程度上与历史上著名的艺术藏品有着较高的相似度，还具有独一无二的特点，有不错的销量。

Art AI的成功，不仅是一个画廊紧跟时代潮流的转型，还标志着AIGC商业化落地的趋势与愿景。

总体而言，随着AIGC的发展，文娱市场将会出现更多更加多样化、智能化、个性化的产品。不管是消费者还是生产者、创作者，都能够从不断成熟的AIGC技术中获得红利。

13.3 人工智能影响文娱产业

人工智能技术正在深刻影响着文娱产业的发展，所产生的影响有积极的一面，也有消极的一面。随着人工智能技术的发展，其对文娱产业深度介入的趋势不可逆转。我们要大力发扬其积极影响，努力消除其消极影响，实现技术与文娱产业的共同进步。

13.3.1 人工智能对当下文娱产业的负面影响

人工智能技术对文娱产业的介入产生一些不容忽视的消极影响，使文娱产业出现许多问题。

首先，人工智能技术的深度介入会削弱文娱产品的意识形态功能。众所周知，每个国家、每个地区的文娱产品都有其独特性，这些独特的文娱产品不仅有传播文化知识、熏陶人们的情操等功能，还有着特有的意识形态特性。

然而，随着人工智能技术在文娱产业中得到大规模应用，人工智能软件可以帮助人类进行诗歌、剧本、小说创作，文娱作品的创作效率得到大幅度提高，但质量难以得到保障，许多文娱作品变得空有娱乐性而缺乏思想的引领作用。

其次，人工智能技术的深度介入会降低创作者的创作激情，使创作者缺乏创作动力，进一步影响文娱作品的创新性与质量。

一方面，越来越智能、在文娱作品创作方面功能越来越强大的人工智能会使创作者对其的依赖性不断增强。面对毫不费力的人工智能创作与自己辛苦创作，一部分创作者会更倾向于走那条更加轻松、便捷的路。

另一方面，人工智能技术仅运用算法就能够在极短时间内完成人类需要较长时间才能完成的作品，会导致创作者在自我价值认知方面产生迷茫，创作热情进一步减退。

最后，当前人工智能进行文娱作品创作方面的法律法规并不完善，人工智能造成的侵权等问题难以进行权责认定。人工智能进行文娱作品创作，一般都是采用大数据与云计算技术，根据指令在庞大的数据库中搜寻与之相匹配的文段、语段等。而人工智能很难对庞大的数据库中的语段是否有版权问题进行辨别，这就使人工智能创作出的文娱作品很容易出现侵权问题。

而且，如果人工智能独立创作出文娱作品，那么他人的抄袭是否对人工智能造成了侵权这一问题在当前的法律法规中也没有严格的界定。这就导致人工智能进行文娱创作的法律环境较为混乱，使智能文娱的发展受到一定限制。

13.3.2 人工智能影响文娱产业的 30 种方式

技术改变人类生活，人工智能技术更是深刻影响着人类生活的方方面面。人工智能对文娱产业的影响已经初见端倪，那么，未来，人工智能技术还将给文娱产业带来什么“惊喜”呢？未来学家托马斯·弗雷指出人工智能影响文娱产业的30种方式，具体体现在音乐、电影、摄影、旅行、烹饪、游戏与体育等方面。

在音乐方面，人工智能能够带来新的音乐欣赏方式。

（1）情绪匹配：人工智能能够识别出用户当前的情绪波动，并根据用户情绪为其匹配契合的音乐，使音乐起到安抚用户焦躁情绪、分享用户喜悦心情的作用。

（2）永不结束的音乐：人工智能能够根据指令不断生成音乐，并能够随着指令的变化而变化。人工智能不会感到疲惫，可以永远都不停止，一直演奏音乐。

（3）全息现场表演：人工智能技术可以使传统的音乐表演形式转变为全息现场表演，使用户沉浸式感受音乐的美妙之处。

（4）实时背景音乐：人工智能能够帮助用户选择最匹配生活中某个瞬间的情境的背景音乐，使每个人都变成生活中的主角。

在电影方面，作为强大的技术工具，人工智能能够带来全新的电影制作与观赏形式。

（1）动态情节变化：人工智能使得电影制作变得更加灵活，甚至可以根据电影院内观众的反应与实时情绪变化及时调整电影情节。

（2）虚拟电影明星：人工智能能够创造虚拟偶像进行电影演绎，虚拟偶像将会具有完美的外表与演技。

（3）完美的故事情节：人工智能能够根据最火热的市场需求，迎合观众的喜好设计出跌宕起伏的故事情节。

（4）全息电影：人工智能技术能够实现 3D、4D、5D 等全息体验式观影。

在摄影方面，人工智能能够更好地制作与加工照片。

（1）时间旅行者：人工智能能够轻松实现将历史中的任何时间、任何地点的任何人放入照片之中。

（2）整体制作：人工智能能够虚构出一张从人物到背景都是虚假的照片。

（3）照片修复：人工智能能够通过对光线、定位、着色、视角等的调整，将一张拍摄失败的照片修复到完美状态。

（4）完美修图：人工智能能够实现对任何人物、背景的任何修图要求，最终产出完美的照片。

（5）即时标题：人工智能能够给任何照片取一个即时性、趣味性标题。

在旅行方面，人工智能能够陪伴游客安全无忧出行。

（1）无缝安全：人工智能能够取代当前市面上所有的安全检查设备，同时能够在游客旅行过程中给其提供全天候陪伴，实现旅行过程全天候、无死角的安全保障。

（2）最佳旅行：人工智能能够为游客智能推荐最佳景点与旅行活动。

（3）全天候导游：人工智能能够随时随地为游客提供导游服务，为游客解答旅行中出现的各种各样的问题。

在烹饪方面，人工智能同样能够发挥独特的价值。

（1）完美的情绪食物：在未来，人工智能能够随时了解人们的情绪以及人们身体需要补充哪些营养，能够在不同的情绪期为人们推荐不同的食物。

（2）实时讲解美食：拥有海量知识储备的人工智能不仅能够讲解文娱作品，还能够为人们讲解每一道美食的营养价值、背后蕴藏的故事等。

（3）现场食品：利用 3D 打印等技术，人工智能能够使照片、图像中的二维食品出现在人们的餐桌上。

在游戏与体育方面，人工智能能够将生活中的很多方面游戏化。

（1）教育游戏化：人工智能能够为每个人量身打造一个终身学习系统，以更贴近个人兴趣爱好的方式为每个人提供教育资源。

（2）工作游戏化：人工智能能够使工作过程充满趣味，使人们能够更好地完成工作任务。

（3）生活游戏化：人工智能能够将游戏完美地融入人们的日常生活中，为人们带来更加丰富多彩的生活体验。

（4）完全沉浸式运动：人工智能能够通过摄像头、传感器等装置，使佩戴相关设备的用户在家体验不同的运动场景。

在其他方面，人工智能也有着许多应用场景。

（1）AI 与人类的笑话：在未来，人工智能能够与人类进行笑话比赛。

（2）适当插入笑话：在一篇冗长的文章中，哪里最适合插入一个笑话，人工智能能够给出恰当的建议。

（3）缓解紧张情绪：人工智能有丰富的笑话储备，能够随时随地缓解人们的紧张情绪。

（4）录制个人传记：人工智能可以成为人们的随身记录设备，帮助人们记录生活中的每一个重要时刻。

（5）终极大 BOSS：当有需要时，人工智能能够在一个完整的故事中塑造出一个全新的大反派角色。

（6）永不结束的故事：人工智能拥有无限讲述故事的能力，可以创造一个永远不会结束的故事。

（7）完美的结局：人工智能能够帮助所有缺失结尾的故事续上一个完美的结局。

这就是未来学家托马斯·弗雷认为的未来人工智能将会影响文娱产业的 30 种方式，或许有些场景十分天马行空，但这正是人工智能的魅力所在。总而言之，未来的“人工智能 + 娱乐产业”将会更加个性化、人性化，也更加具有便利性，将会给我们生活的方方面面带来改变。

13.3.3 泛娱乐化的游戏是什么样子

泛娱乐化的本质是文化产业的大融合，即对同一个 IP 进行多种娱乐方式的开发。具体来说，就是将小说、影视剧、动漫中的背景、故事情节、人物等开发成游戏，或者将游戏制作成影视剧等。

对于游戏行业来说，一方面，泛娱乐化能够充分挖掘 IP 蕴含的价值，拓宽收入来源；另一方面，将跨界衍生后的 IP 投入不同的受众市场中，能够扩大游戏的影响力，吸引更多的用户。

在游戏行业中，网易游戏是发展泛娱乐产业的代表之一。早年间，凭借《梦幻西游》这款游戏，网易积累了无数用户，同时也积攒了良好的业界口碑。然而，《梦幻西游》已经上市十几年，为了更好地延长该游戏的生命周期、积极应对新生代游戏市场的竞争，网易游戏开启了泛娱乐化布局之路。

利用“梦幻西游”这一 IP，网易游戏与直播平台合作打造“梦幻歌谣祭”栏目，通过与平台中的娱乐主播开展深度合作，共同推出基于游戏的泛娱乐化同人产品。此外，平台还会开展评选活动，积极挑选素人玩家并进行培养，持续不断地用泛娱乐化的内容吸引用户。

网易游戏还打造出泛娱乐化的电竞赛事 NeXT，通过与其他 IP 的联动，推出许多更轻度、更具娱乐性的赛事活动，探索与传统电竞比赛不一样的玩法。

总的来说，泛娱乐化的游戏不只是游戏，而是融合了多种娱乐形式、多种玩法的新的娱乐生态体验。

未来，游戏 IP 的开发将会更多地与人工智能技术结合。人工智能等新技术的应用能够打造以游戏 IP 为基础的虚拟乐园，使用户能够身临其境地进入自己喜爱的游戏世界中。

参 考 文 献

[1] 迈克尔 · 伍尔德里奇 . 人工智能全传 [M]. 杭州：浙江科学技术出版社 , 2021.

[2] 刘鹏 , 曹骝 , 吴彩云 , 张燕 . 人工智能从小白到大神 [M]. 北京：中国水利水电出版社 , 2021.

[3] 李德毅 , 于剑 , 中国人工智能学会 . 人工智能导论 [M]. 北京：中国科学技术出版社 , 2018.

[4] 史蒂芬 · 卢奇 , 丹尼 · 科佩克 . 人工智能（第 2 版）[M]. 北京：人民邮电出版社 , 2018.

[5] 伊恩 · 古德费洛 , 约书亚 · 本吉奥 , 亚伦 · 库维尔 . 深度学习 [M]. 北京：人民邮电出版社 , 2017.

[6] 皮埃罗 · 斯加鲁菲 . 人工智能通识课 [M]. 北京：人民邮电出版社 , 2020.

[7] 斯图尔特 · 罗素 . 人工智能：现代方法（第 4 版）[M]. 北京：人民邮电出版社 . 2022.

[8] 腾讯研究院 , 中国信息通信研究院互联网法律研究中心 , 腾讯 AI Lab, 腾讯开放平台 . 人工智能：国家人工智能战略行动抓手 [M]. 北京：中国人民大学出版社 , 2017.

[9] 米卡埃尔 · 洛奈 . 万物皆数：从史前时期到人工智能，跨越千年的数学之旅 [M]. 北京：北京联合出版公司 , 2018.

[10] 罗素 · 诺维格 . 人工智能：一种现代的方法（第 3 版）[M]. 北京：清华大学出版社 , 2013.

[11] 克劳斯 · 迈因策尔 . 人工智能——何时机器能掌控一切 [M]. 北京：清华大学出版社 , 2022.

[12] 费尔南多 · 伊弗雷特 . 人工智能和大数据——新智能的诞生 [M]. 北京：清华大学出版社 , 2020.

[13] 杨澜 . 人工智能真的来了 [M]. 南京：江苏文艺出版社 , 2017.

[14] 李晓鹏 . 人工智能、5G 与物联网时代的中国产业革命 [M]. 天津：天津科学技术出版社 , 2021.

[15] 张鹏 , 周子奇 . 人工智能在想什么 从科幻电影看 AI 未来 [M]. 北京：人民邮电出版社 , 2020.

[16] 谭康喜 , 赵见星 , 李亚明 , 姚应 . 人工智能和蓝牙硬件开发实战 [M]. 北京：人民邮电出版社 , 2021.

[17] 乌尔里希・森德勒 . 工业人工智能 发展趋势、应用场景与前沿案例 [M]. 北京：人民邮电出版社 , 2021.

[18] 中国电子信息产业发展研究院 , 人工智能产业创新联盟 . 人工智能实践录 [M]. 北京：人民邮电出版社 , 2020.

[19] [日] 台場 時生 . 人工智能超越人类 [M]. 北京：机械工业出版社 , 2018.

[20] 周志敏 , 纪爱华 . 人工智能 改变未来的颠覆性技术 [M]. 北京：人民邮电出版社 , 2017.

[21] 李开复 , 王咏刚 . 人工智能 [M]. 北京：文化发展出版社 , 2017.

[22] 李开复 , 陈楸帆 . AI 未来进行式 [M]. 杭州：浙江人民出版社 , 2022.

[23] 李开复 . AI・未来 [M]. 杭州：浙江人民出版社 , 2020.

[24] 杜雨 , 张孜铭 . AIGC：智能创作时代 [M]. 北京：中译出版社 , 2023.

[25] 刘琼 . ChatGPT：AI 革命 [M]. 北京：华龄出版社 , 2023.

[26] 杰瑞・卡普兰 . 人工智能时代 [M]. 杭州：浙江人民出版社 , 2016.

[27] 尼克 . 人工智能简史（第 2 版）[M]. 北京：人民邮电出版社 , 2021.

[28] 凯文・凯利 . 5000 天后的世界 [M]. 北京：中信出版社 , 2023.

[29] 吴军 . 智能时代 [M]. 北京：中信出版社 , 2020.

[30] 多田智史 . 图解人工智能 [M]. 北京：人民邮电出版社 , 2021.

[31] 翟尤 , 郭晓静 , 曾宣玮 . AIGC 未来已来 [M]. 北京：人民邮电出版社 , 2023.

[32] 李彦宏 . 智能交通：影响人类未来 10 ～ 40 年的重大变革 [M]. 北京：人民出版社 , 2021.

[33]iResearch Inc. 中国人工智能产业研究报告 [R]. 2023.3